INTERCAMBIADORES DE CALOR
MANUAL DE CÁLCULO
VOL. I

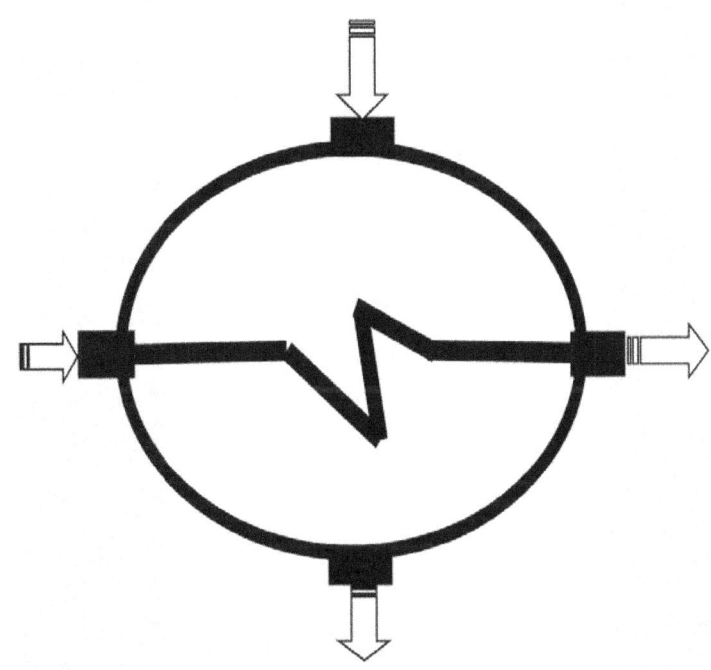

Por:

Estelis T. Narváez H.

Dedicado a
Mis estrellas y mis caminos
Eternamente iluminados por ellas

PRÓLOGO.

En este texto se combinan los principios básicos de Transferencia de Calor y de Hidráulica, con algunos factores de experiencia en el área de procesos con transferencia de calor, para resumir y presentar una metodología secuencial de cálculo de procesos en Intercambiadores de Calor, que pueden servir como base para el diseño y posterior especificaciones técnicas para solicitar y validar la construcción de equipos nuevos; la evaluación del comportamiento de equipos en operación para determinar su eficiencia y definir su nivel de requerimiento de mantenimiento y también para evaluar equipos existentes, en operación o no, para evaluar la posibilidad de someterlos a incremento de carga o de cambiarle el servicio para el cual fueron diseñados.

Adicional a la formulación de los principios de transferencia de calor e hidráulica, requeridos para desarrollar los diferentes cálculos aplicados a intercambiadores de calor, también se presenta la facilidad de evaluar las propiedades de transporte de varios productos, puros o mezclas, de hidrocarburos, utilizando correlaciones empíricas, obtenidas con gran cantidad de información recolectada de tablas, gráficas y figuras localizadas en varias literaturas bibliográficas citadas en cada capítulo y que están en la lista de referencias al final del texto. Estas correlaciones fueron validadas al reproducir con muy buena exactitud, las propiedades de transporte a las cuales aplican.

El texto se titula Intercambiadores de Calor Vol. I, y en él se cubre solamente los conceptos y cálculos aplicables a intercambiadores de Doble Tubo, Tubos y Coraza e intercambiadores que usan aire a flujo cruzado como fluido frio y cuando, en estos intercambiadores, el flujo de calor entre los fluidos ocurre sin cambios de fase. En volúmenes siguientes se cubrirán procesos con cambios de fase y se ampliará el cálculo a otros tipos de intercambiadores.

En el desarrollo del texto de este volumen, podrá notarse cierta influencia recibida de varios autores entre los que destacan los profesores Donald Q. Kern, J.P. Holman y F. Kreith, cuyos libros están dedicados, fundamentalmente al área de transferencia de calor, y que el autor de este texto tuvo como guía durante muchos años en su actividad profesional, como profesor, actualmente jubilado, en las áreas de Fenómenos de Transporte, Operaciones Unitarias y Transferencia de Calor Avanzada, en pre y postgrado en la Escuela de Ingeniería Química de la Universidad de Oriente, UDO, Venezuela; también durante varios años de actividad en el ejercicio de Ingeniería de Procesos, Operaciones y manejo de proyectos en la industria petrolera venezolana y los últimos 8 años en la empresa consultora de ingeniería, Venezolana de Proyectos Integrados, VEPICA, a la cual ingresó como Líder de Ingeniería de Procesos y actualmente se desempeña como Gerente de Ingeniería y Proyectos.

CONTENIDO

1. INTRODUCCIÓN.

Un intercambiador de calor es un equipo, que permite la transferencia de energía entre dos medios que se encuentran a temperaturas distintas, y que pueden o no estar en contacto directo. Cuando el proceso no permite el contacto entre los medios, como en el enfriamiento de hidrocarburos con agua o aire, se utiliza una barrera física entre ellos, a través de la cual solamente fluye calor y finalmente a los medios se les alteran sus temperaturas. Cuando el proceso permite el contacto físico entre los medios, se obtiene una mezcla homogénea con temperatura uniforme; si son inmiscibles se tendrán dos corrientes separadas con temperaturas distintas, como en el enfriamiento de agua con aire, o de gases con agua.

Los cálculos relativos a estos equipos, son fundamentalmente térmicos e hidráulicos y tienen su fundamento en la aplicación de las leyes de la Termodinámica, complementándolas con las formulaciones de los tres modos de transferencia de calor: Conducción, Convección y Radiación, los principios básicos de hidráulica y en varios casos con los principios de transferencia de masa. La Primera Ley de la Termodinámica establece que la energía que entra al intercambiador debe ser igual a la que sale, y la Segunda Ley, que la energía fluye de un medio a otro debido a una diferencia de temperatura entre ellos. Hay una diversidad de situaciones en las que es fundamental y muchas veces vital la operación de los intercambiadores de calor (identificados por muchos como los *"caballos de batalla"* en las instalaciones de procesos) y entre ellas pueden citarse: tren de precalentamiento de petróleo en refinerías; enfriamiento con agua o aire en plantas de procesos; enfriamiento de gases, líquidos o sólidos; condensación de vapores, producción de vapor, sistemas de refrigeración, etc.

En general, en un diagrama de procesos, los intercambiadores de calor se representan con el símbolo que se muestra en la Fig. 1.1, donde el flujo, la temperatura y la presión del fluido caliente vienen dada por M, T y P; y para el fluido frío por m, t y p.

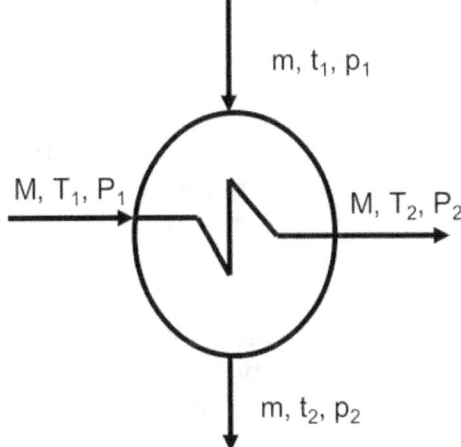

Fig. 1.1. Esquema de un Intercambiador de calor

2. CLASIFICACIÓN DE INTERCAMBIADORES DE CALOR.

Hay una gran variedad de intercambiadores de calor y una forma de clasificarlos es por el servicio que presten y por su configuración mecánica o construcción.

2.1. POR EL SERVICIO.

En base al servicio, los intercambiadores pueden transferir solo calor sensible, solo calor latente o combinaciones de los dos. En base a esto, también se puede pensar en una clasificación genérica, que diferencie a los intercambiadores en los que no ocurre cambio de fase con intercambiadores en los que si ocurre cambio de fase, aunque existen situaciones que requieren que el intercambiador disponga de una sección para cambio de fase y otra donde no ocurre cambio de fase. La secuencia de la ocurrencia de estos dos fenómenos en el intercambiador va a depender del proceso donde se aplique. A continuación se presentan las clasificaciones más comunes y más utilizadas en la industria.

Enfriadores, donde solo se transfiere calor sensible y el propósito es principalmente enfriar una corriente. Ejemplo, enfriar con agua una corriente de un producto para almacenarlo en forma segura. Aunque el agua se calienta, el propósito principal es enfriar el producto.

Calentadores, donde se transfiere calor sensible para calentar una corriente. Ejemplo, el calentamiento del agua de alimentación a una caldera productora de vapor.

Condensadores, en estos se transfiere calor latente y se usan para condensar un vapor, aunque el otro medio sea un fluido que solo se calienta. Ejemplo, condensar con agua o aire, vapores de hidrocarburos.

Vaporizador, se emplean para transferir calor sensible y latente hasta vaporizar parcialmente una sustancia pura o una mezcla. Ejemplo, vaporizar una mezcla de alcohol y agua.

Evaporador, se utilizan para transferir calor sensible y latente hasta concentrar una mezcla mediante la evaporación del solvente. En el evaporador el vapor producido es de solvente puro, mientras que en el vaporizador es una mezcla de solvente y soluto. Ejemplo, evaporar el agua contenida en salmuera o en otra solución que se desee concentrar un soluto.

Re hervidor, se utiliza para transferir la energía requerida para vaporizar una mezcla o sustancia pura, que se encuentra en su punto de ebullición. No se transfiere calor sensible. Ejemplo, re hervidores de fondo de torres de destilación.

2.2. POR LA CONSTRUCCIÓN.

Según la construcción, los intercambiadores pueden clasificarse en dos renglones:

Fluidos sin contacto físico. En este caso, los más comunes son aquellos construidos con dos tubos concéntricos, conocidos como intercambiadores de Doble Tubo y los construidos con un tubo de gran diámetro o coraza y en su interior, un arreglo de varios tubos de mucho menor diámetro, conocidos como intercambiadores de Tubos y Coraza. Estos equipos son ampliamente utilizados en refinerías para condensar vapores de tope y rehervir líquido de fondo de las torres fraccionadoras de hidrocarburos; también para precalentar la alimentación a dichas torres aprovechando la energía contenida en corrientes de procesos. Los hornos de procesos y las calderas productoras de vapor se incluyen en este renglón, ya que el fluido de proceso fluye por unos tubos y los gases de combustión por una cámara que cubre a los tubos.

Otros intercambiadores incluidos en este tipo son los de flujo cruzado, que consiste en una serie de tubos paralelos conectados a un cabezal por donde entra y sale un fluido caliente o frío, y por fuera de los tubos fluye transversalmente otro fluido para calentarse o enfriarse. Ejemplos típicos de este caso, son los intercambiadores con aire que se utilizan para enfriar o condensar hidrocarburos que fluyen por el interior de los tubos; el enfriamiento de agua con aire en un vehículo automotor; la evaporación y condensación de un refrigerante en un ciclo de refrigeración o aire acondicionado; la recuperación de calor de gases de combustión, etc.

Fluidos en contacto físico. En este caso los fluidos entran en contacto físico y puede existir transferencia simultánea de energía y masa, y por la ocurrencia simultánea de estos dos fenómenos de transporte, muchos no lo consideran como intercambiadores propiamente dicho y entre ellos destacan las torres de enfriamiento de agua con aire o de enfriamiento de gases con agua; los des-recalentadores de vapor de agua con agua líquida, el calentamiento o enfriamiento de líquidos en tanques agitados, etc.

3. Principios de Transferencia de Calor en Intercambiadores.

Los cálculos de intercambiadores de calor, se basan en la aplicación de las leyes de la Termodinámica y los modos de transferencia de calor y en algunos casos, donde ocurre contacto físico entre los medios, también se aplican los principios de transferencia de masa. Los modos o mecanismos de trasferencia de calor son: Conducción, Convección y Radiación y se representan con las formulaciones propuestas por Fourier, Newton y Stefan-Boltzman respectivamente. Estos tres modos tienen su fundamento en el principio físico de que ante la existencia de una fuerza impulsora o potencial, se genera un flujo que encuentra resistencia a su paso. En lo que respecta a Transferencia de Calor, el potencial o fuerza impulsora es una diferencia de temperatura ΔT, que motiva un flujo de calor Q a través de una resistencia térmica R_T que se opone a su paso. Cada modo de transferencia de calor tiene su expresión matemática como se describen en la sección 3.1, y es oportuno comentar que en los intercambiadores de calor donde dos fluidos intercambian calor en un medio confinado, los efectos de la Radiación son despreciables y los modos o mecanismos predominantes son los de Convección y Conducción, y en muchos casos, hay un predominio de la Convección.

3.1. Intercambiadores con fluidos separados por una pared.

En el Capítulo 2 se presentó la clasificación de los intercambiadores según su construcción y en Sección 2.1, se describieron aquellos donde no hay contacto físico entre los medios que intercambian calor, debido a que una pared o barrera los separa. Conceptualmente, estas paredes pueden ser de área seccional constante o variable y perpendicular al flujo de calor. En el primer caso, se tiene a las paredes planas y en el segundo paredes cilíndricas o esféricas. En cualquiera de los casos, el flujo de calor encontrará varias resistencias térmicas que se oponen a su paso y ellas son,

a) Resistencia por convección a ambos lados de la pared.
b) Resistencia por conducción en la pared.
c) Resistencia por el sucio depositado en ambas caras de la pared, también conocido como factor de ensuciamiento, R_D.

Pared plana. El análisis de estos casos se puede hacer con la Fig. 3.1, que ilustra una pared plana con una cara expuesta a un fluido con temperatura T_C y la otra expuesta a un fluido con temperatura T_F. Si $T_C > T_F$ en base a la Segunda Ley de la Termodinámica el flujo de calor en estado estacionario viene dado por cualquiera de las tres ecuaciones siguientes:

$$Q = h_i A(T_C - T_1)i \quad \text{(Ec. de Newton)} \qquad (3.1)$$

$$Q = \frac{kA}{D}(T_i - T_o) \quad \text{(Ec. de Fourier)} \qquad (3.2)$$

$$Q = h_o A(T_o - T_F) \quad \text{(Ec. de Newton)} \qquad (3.3)$$

Donde:

    Q es el flujo de calor.

    A la superficie perpendicular al flujo de calor.

    D el espesor de la pared.

    k la conductividad térmica del material de la pared.

    T_i, T_o, las temperaturas de la cara interior y exterior respectivamente.

    h_i y h_o los coeficientes locales de transferencia de calor por convección en el interior y exterior de la pared, respectivamente.

Estas ecuaciones también pueden expresarse como:

$$T_C - T_i = \frac{Q}{\dfrac{1}{h_i A}} \qquad (3.4)$$

$$T_i - T_o = \frac{Q}{\dfrac{D}{kA}} \qquad (3.5)$$

$$T_o - T_F = \frac{Q}{\dfrac{1}{h_o A}} \qquad (3.6)$$

Sumando miembro a miembro las ecuaciones 3.4, 3.5 y 3.6, se obtiene

$$Q = \frac{T_C - T_F}{\dfrac{1}{h_i A} + \dfrac{D}{kA} + \dfrac{1}{h_o A}} = \frac{T_C - T_F}{\dfrac{1}{UA}} = UA(T_C - T_F) \qquad (3.7)$$

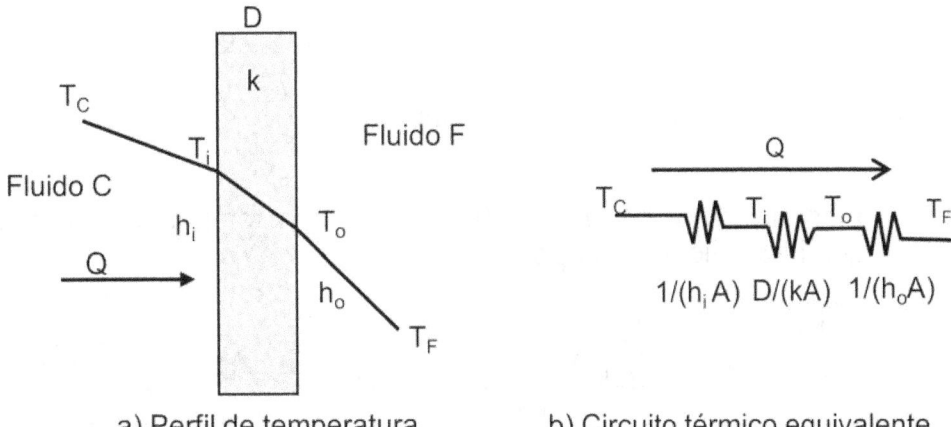

a) Perfil de temperatura   b) Circuito térmico equivalente

Fig. 3.1. Flujo de calor en una pared plana.

La Ec. 3.7 representa la relación entre la diferencia global de temperatura, (T_C – T_F) y la resistencia que el flujo de calor Q encuentra a su paso. Estas resistencias se encuentran en serie y son la de convección del lado izquierdo, $1/(h_iA)$, la de conducción localizada en la pared D/kA y la de convección del lado derecho, $1/(h_oA)$. Esta expresión conocida como la ecuación de Fourier, permite definir el coeficiente global de transferencia de calor U, y la resistencia total al flujo de calor que viene dada por la relación $1/(UA)$, expresada por,

$$\frac{1}{UA} = \frac{1}{h_iA} + \frac{D}{kA} + \frac{1}{h_oA}$$
(3.8)

La Ec.3.8 representa la resistencia total al flujo de calor en una pared plana de área seccional constante y es igual a la suma de las tres resistencias que el calor encuentra a su paso entre las temperaturas T_C y T_F.

Pared cilíndrica. Estos son los casos más comunes en intercambiadores de calor, y pueden representarse con la Fig. 3.2, donde a diferencia de la pared plana, la resistencia por conducción es logarítmica por lo que la Ec. 3.7 se transforma en,

$$Q = \frac{T_C - T_F}{\dfrac{1}{h_iA_i} + \dfrac{Ln(d_o/d_i)}{2\pi kL} + \dfrac{1}{h_oA_o}} = \frac{T_C - T_F}{\dfrac{1}{UA}} = UA_C(T_C - T_F) \quad (3.9)$$

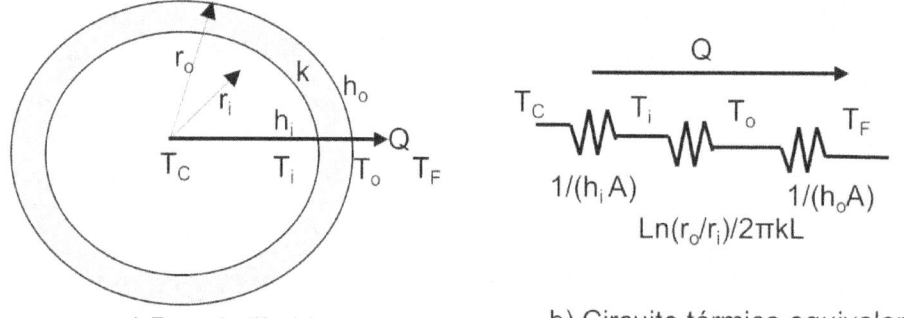

a) Pared cilíndrica   b) Circuito térmico equivalente

Fig. 3.2. Flujo de calor en una pared Cilíndrica

Comparando los miembros de la Ec. 3.9, la resistencia total al flujo de calor, $1/UA$ en paredes cilíndricas viene dada por,

$$\frac{1}{UA} = \frac{1}{h_iA_i} + \frac{Ln(d_0/d_i)}{2\pi kL} + \frac{1}{h_oA_o}$$
(3.10)

Donde el área interna viene dada por $A_i = \pi d_i L$ y la externa por $A_o = \pi d_o L$. Combinando la Ec. 3.10 con la Ec. 3.9, se obtiene la Ec. 3.11, que es la relación entre la cantidad de calor transferida Q por unidad de longitud L.

$$\frac{Q}{L} = \frac{T_C - T_F}{\dfrac{1}{\pi d_i h_i} + \dfrac{Ln(d_o / d_i)}{2\pi k} + \dfrac{1}{\pi d_o h_o}} \qquad (3.11)$$

Donde d_o y d_i son los diámetros externo e interno del cilindro y k su conductividad térmica.

Pared Esférica. Si la pared es de forma esférica, que no es el caso de un intercambiador típico, la Ec. 3.9 cambia a,

$$Q = \frac{T_C - T_F}{\dfrac{1}{h_i A_i} + \dfrac{(r_o - r_i)}{k\sqrt{A_o A_i}} + \dfrac{1}{h_o A_o}} \qquad (3.12)$$

En la Ec. 3.12, $A_i = 4\pi r_i^2$ y $A_o = 4\pi r_o^2$

Para este caso, la Ec. 3.10 de la resistencia total viene dada por,

$$\frac{1}{UA} = \frac{1}{h_i A_i} + \frac{(r_o - r_i)}{k\sqrt{A_o A_i}} + \frac{1}{h_o A_o} \qquad (3.13)$$

En resumen, representando la resistencia por conducción como R_k, las ecuaciones Ec. 3.8, Ec. 3.10 y Ec. 3.13, pueden generalizarse con la Ec. 3.14,

$$\frac{1}{UA} = \frac{1}{h_i A_i} + R_k + \frac{1}{h_o A_o} \qquad (3.14)$$

Si se define como U_C al coeficiente global de transferencia de calor limpio, es decir, considerando solamente las resistencias por convección y conducción y excluyendo el sucio depositado en ambas caras de la pared, y adicionalmente se refiere a la superficie interna o externa, la Ec. 3.14 puede expresarse de dos formas distintas,

$$U_{Ci} = \frac{1}{\dfrac{1}{h_i} + A_i R_k + \dfrac{A_i}{h_o A_o}} \qquad (3.15)$$

$$U_{Co} = \frac{1}{\dfrac{A_o}{h_i A_i} + A_o R_K + \dfrac{1}{h_o}} \qquad (3.16)$$

Donde U_{Ci} es el coeficiente global limpio referido al área interna y U_{Co} referido al área externa. Lo usual en diseño es referir el coeficiente global a al área externa.

Factor de ensuciamiento. El sucio que se deposita en ambas caras de las paredes, ofrece resistencia adicional al flujo de calor y va a depender del tipo de fluido que intervenga en el proceso. Generalmente, este tipo de resistencia aparece gradualmente en la medida en que el proceso avanza. Desde el punto de vista de diseño, se usa como criterio tomar los valores de esas resistencias obtenidas por experiencia en cada proceso, después de un tiempo determinado de operación. Si se define como R_{Di} y R_{Dp} las resistencias por el sucio en la cara interna y externa de una pared, cuya suma es igual a R_D, la resistencia total al flujo de calor viene da por,

$$\frac{1}{UA} = \frac{1}{h_i A_i} + R_K + \frac{1}{h_o A_o} + R_D \qquad (3.17)$$

Si el coeficiente global se refiere al área externa y combinamos las ecuaciones Ec.3.16 y Ec. 3.17, se tiene

$$\frac{1}{U_{Do}} = \frac{1}{U_{Co}} + R_D \qquad (3.18)$$

Donde U_{Do} es el coeficiente global referido al área externa considerando el sucio y R_D viene dado por

$$R_D = R_{Dio} + R_{Dp} = R_{Di}(A_o/A_i) + R_{Dp} \qquad (3.19)$$

Si el coeficiente global se refiere al área interna y combinamos las ecuaciones Ec.3.15 y Ec. 3.17, se tiene

$$\frac{1}{U_{Di}} = \frac{1}{U_{Ci}} + R_D \qquad (3.20)$$

Donde U_{Di} es el coeficiente global referido al área interna considerando el sucio, y R_D viene dado por

$$R_D = R_{Di} + R_{Dpi} = R_{Di} + R_{Dp}(A_i/A_o) \qquad (3.21)$$

El coeficiente U_D también se conoce como de diseño, ya que es el que se utiliza para diseñar los intercambiadores de calor. En cualquiera de los casos anteriores, los coeficientes locales de transferencia de calor h_i y h_o se calculan con el módulo de Nusselt o la correlación que corresponda y las resistencias por ensuciamiento se obtienen de tablas específicas para cada proceso.

3.2. INTERCAMBIADORES CON FLUIDOS EN CONTACTO FÍSICO.

Estos son equipos son muy específicos y por su complejidad en su mayoría son analizados con un enfoque distinto y adicionalmente se les considera como unidades de procesos individuales y en ellos la energía se transfiere fundamentalmente por convección y se pueden dividir en dos casos:

a) Mezcla de dos corrientes resultando una sola corriente homogénea.

Consideremos una corriente M_1 con temperatura T_1, presión P_1 y entalpía H_1, que se pone en contacto directo con otra corriente M_2, con temperatura T_2, presión P_2 y entalpía H_2. Aplicando un balance de energía, se tiene que la entalpía H para la mezcla viene dada por:

$$H = \frac{H_1 M_1 + H_2 M_2}{M_1 + M_2} \qquad (3.22)$$

Generalmente, estos procesos se ejecutan para tener en la mezcla una presión prefijada, y al conocer H, es posible determinar la temperatura de la mezcla.

Si se trata de dos corrientes donde se pueda despreciar los efectos de presión, la Ec. 3.22 puede expresarse en términos de temperatura como:

$$T_M - T_R = \frac{M_1 C_{P1}(T_1 - T_R) + M_2 C_{P2}(T_2 - T_R)}{(M_1 + M_2) C_{PM}} \qquad (3.23)$$

Si tomamos como referencia una de las temperaturas de entrada, sea $T_R = T_2$, la temperatura de la mezcla viene dada por:

$$T_M = T_2 + \frac{M_1 C_{P1}(T_1 - T_2)}{(M_1 + M_2) C_{PM}} \qquad (3.24)$$

b) Mezcla de dos corrientes resultando dos corrientes separadas.
Este es un caso más complicado que el anterior, ya que ocurre transferencia simultánea de masa y calor, y para su análisis es preferible estudiar cada caso en particular. Como ejemplos, se pueden citar las operaciones de contacto gas-líquido, enfriamiento de gases, humidificación de gases, des humidificación de gases, enfriamiento de líquidos, cuyos detalles pueden verse en las referencias 1, 2, 3 y 4.

3.3. ECUACIÓN BÁSICA DE CÁLCULO.

Las ecuaciones 3.7, 3.9 y 3.12 son diferentes formas de expresar la ecuación básica de cálculo, también conocida como ecuación de Fourier, para procesos con transferencia de calor en los que se dimensionan equipos para su construcción o se evalúan ara medir su nivel de comportamiento en el proceso. La expresión general de esta ecuación es la que se muestra a continuación, Ec. 3.25 y que se detallará para cada equipo en particular en los capítulos siguientes. Sin embargo, vamos a describir en forma general los cuatro factores que la conforman, ya que con su comprensión y claridad de conceptos, será mucho más fácil su aplicación en casos particulares.

$$Q = U A \Delta T_e \qquad (3.25)$$

Esta ecuación está conformada por los cuatro factores siguientes: Q, Carga de calor; U Coeficiente Global de transferencia de calor; A, área de transferencia de calor y ΔT_e la diferencia efectiva de temperatura que motiva el flujo de calor.

Carga térmica Q. Es el flujo de energía que el intercambiador está en capacidad de transferir y puede calcularse con la Ec.3.26, donde M y ΔH son el flujo de masa y el cambio de entalpía del fluido caliente; m y Δh flujo de masa y el cambio de entalpía del fluido frío. Observar, que en estas ecuaciones las variables o propiedades en letras minúsculas corresponden al fluido frío y en mayúsculas al fluido caliente; ésta notación la estaremos usando en lo sucesivo.

$$Q = M\,\Delta H = m\,\Delta h \qquad (3.26)$$

Si solamente se transfiere calor sensible entre los dos fluidos, la Ec. 43.26 se reduce a,

$$Q = M\,C_P\,(T_1 - T_2) = m\,c_P\,(t_2 - t_1) \qquad (3.27)$$

Donde C_P es la capacidad calorífica del fluido caliente a la temperatura promedio entre T_1 y T_2, y c_P la del fluido frío entre t_1 y t_2.

Es oportuno señalar que por diseño, Q es el flujo de calor que el intercambiador puede transferir, pero no es el máximo flujo de calor que se puede transferir en el proceso. Este último corresponde al máximo cambio de temperatura que se puede experimentar en el sistema y que corresponde a la diferencia entre las temperaturas de entrada de los fluidos caliente y frío, (T_1-t_1). Termodinámicamente se puede comprobar que el fluido que podría experimentar este cambio sería aquel que presente el menor valor al multiplicar su flujo por su capacidad calorífica, el cual es conocido como el producto $(mc)_{min}$. En otras palabras, tenemos que identificar cual producto es menor entre (MC_P) y (mc_P). En base a esto y a la Segunda Ley de la Termodinámica, el flujo máximo en el intercambiador vendría dado por:

$$Q_{max} = (mc)_{min}\,(T_1-t_1) \qquad (3.28)$$

Observar que si asignamos al fluido con más alto producto mc, el máximo cambio de temperatura (T_1-t_1), el otro fluido tendría que experimentar un cambio de temperatura mayor que el máximo y esto no está acorde con el balance de energía. En base a lo anterior, le efectividad ε del intercambiador se puede calcular con la ecuación siguiente:

$$\varepsilon = \frac{Q}{Q_{max}} = \frac{mc_p(t_2 - t_1)}{(mc)_{min}(T_1 - t_1)} = \frac{MC_P(T_1 - T_2)}{(mc)_{min}(T_1 - t_1)} \qquad (3.29)$$

Área de transferencia de calor. Es la superficie a través de la cual fluye perpendicularmente el calor, y su definición y expresión depende de la configuración geométrica y mecánica del intercambiador

Coeficiente Global de transferencia de calor, U. Está definido en forma general por las Ec. 3.15 y Ec. 3.16 y para calcularlo solamente hay que identificar y obtener las resistencias térmicas involucradas, que va a depender del tipo de intercambiador que se utilice.

Diferencia Efectiva de Temperatura ΔTe. Esta es la fuerza impulsora que motiva el flujo de calor y hay varias forma de calcularla, siendo la más utilizada en intercambiadores de calor la Media Logarítmica de la Diferencia de Temperatura MLDT, ya que representa la mejor aproximación y que para su cálculo solamente se requieren las temperaturas de entrada y salida de ambas corrientes, que en la mayoría de los casos se obtienen por medición directa o por balance de energía. En los capítulos siguientes se presentan las ecuaciones para calcular la ΔTe en cada tipo de intercambiador.

La secuencia de cálculos en intercambiadores de calor aplicando la Media Logarítmica de la Diferencia de Temperatura para calcular ΔTe, se le conoce como el Método MLDT, para diferenciarlo del Método de Efectividad basado en el Número de Unidades de Transferencia, NTU[3,39,40] por sus siglas en inglés, el cual se basa en la definición de la efectividad de un intercambiador para transferir una cantidad de calor y no requiere del conocimiento del valor de todas las temperaturas de entrada y de salida de ambas corrientes. Detalles de este Método se pueden ver en las referencias citadas anteriormente y en otros textos de Transferencia de Calor. En este texto estaremos aplicando el Método MLDT.

4. INTERCAMBIADORES DE DOBLE TUBO.

4.1 DESCRIPCIÓN.

La Fig.4.1 muestra el esquema de un intercambiador de doble tubo y un corte de la sección transversal, el cual consiste de dos tubos concéntricos, que se identifican como D x d x L, donde D es el diámetro nominal del tubo externo en plg, d el diámetro nominal del tubo interno en plg y L, la longitud de ambos tubos en pie. A éste conjunto se le conoce como un tramo y al conducto formado entre la superficie exterior del tubo interno y la superficie interior del tubo externo, se le conoce como anillo. Al conectar los tubos de menor diámetro de dos tramos, mediante un codo y a los tubos de mayor diámetro mediante un cabezal, la estructura resultante se conoce como una horquilla. El codo permite que el fluido que circula por el interior del tubo de menor diámetro, pase de un tramo a otro y el cabezal permite que el fluido que circula por el anillo, pase de un tramo a otro. Con esta estructura, los fluidos estarán separados por la pared del tubo interno y es solo a través de ella, que fluye el calor. En las conexiones no ocurre transferencia de calor, pero si aportan caída de presión en cada corriente.

Las longitudes de tramos típicas son 12, 15 y 20 pies y las dimensiones estándar en pulgadas, de los arreglos de diámetros para los intercambiadores de Doble Tubo se muestran en la Tabla 4.1. No es recomendable usar longitudes mayores de 20 pies, ya que el tubo interior tiende a doblarse y tocar la superficie interna del tubo exterior, produciendo limitaciones hidráulicas y térmicas al intercambiador.

Tabla 4.1. Arreglos típicos para Intercambiadores Doble Tubo[13].

D x d IPS	D_o	d_o	Norma 40 D_i		Norma 80 D_i	
2 x $1^{1/4}$	2,375	1,660	2,067	1,380	1,939	1,278
$2^{1/2}$ x $1^{1/4}$	2,875	1,660	2,469	1,380	2,323	1,278
3 x 2	3,500	2,375	3,068	2,067	2,900	1,939
$3^{1/2}$ x $2^{1/2}$	4,000	2,875	3,548	2,469	3,364	2,323
4 x 3	4,500	3,500	4,026	3,068	3,826	2,900

La principal limitación de estos intercambiadores, es que ofrecen muy poca área de transferencia de calor y requieren grandes espacios para su instalación; por eso, se recomienda usarlos cuando al área de transferencia sea menor de 200 pie^2. Para áreas mayores, los intercambiadores de doble tubo requieren un alto número de horquillas y en consecuencia mucho espacio para su instalación.

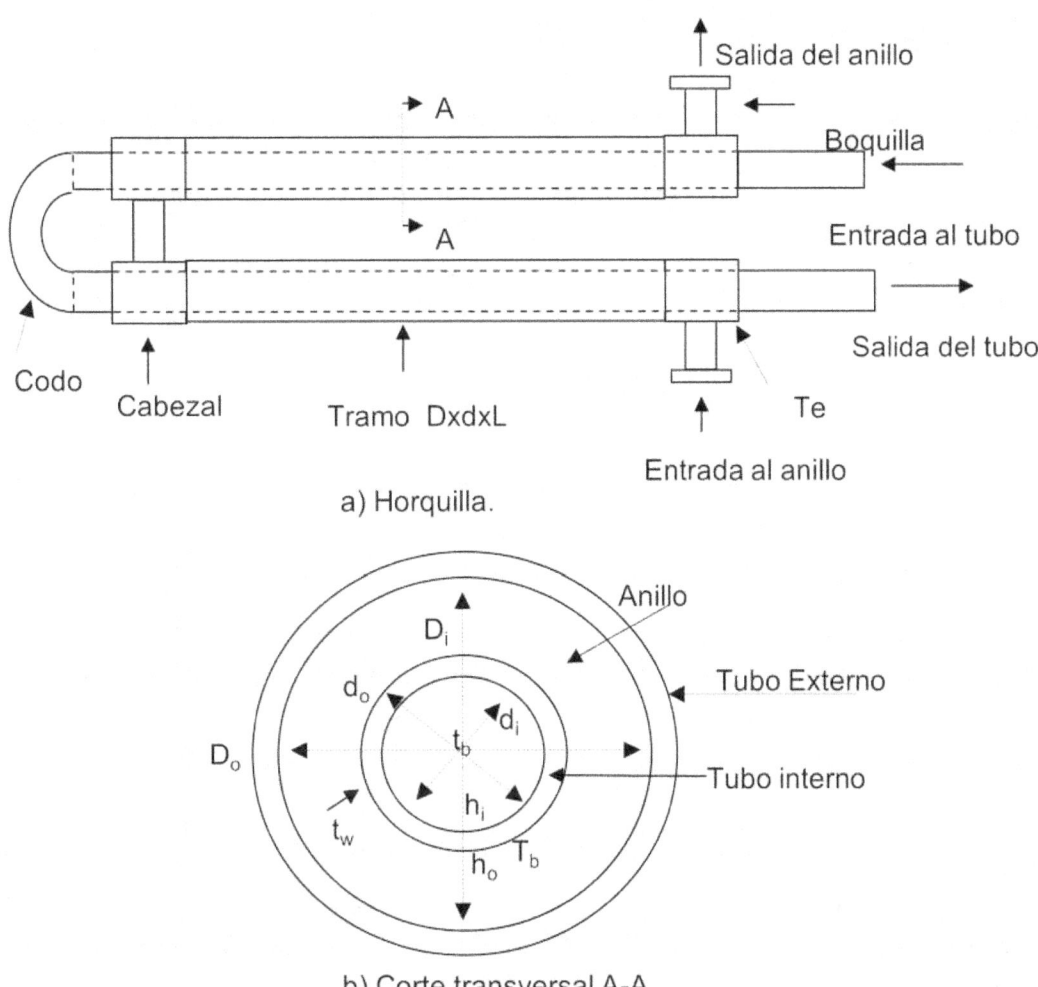

a) Horquilla.

b) Corte transversal A-A

Fig. 4.1. Intercambiador de Doble Tubo

4.2. CÁLCULOS TÉRMICOS.

Consideremos un intercambiador de doble tubo, al que entra un flujo M de un fluido caliente con temperatura T_1 y presión P_1, y sale a temperatura T_2 y presión P_2 y un flujo m de un fluido frío con temperatura t_1, presión p_1 y sale a temperatura t_2 y presión p_2. Con ésta información, los cálculos térmicos en el intercambiador consisten en determinar los cuatro factores que conforman la Ec. 3.25: Carga térmica, Q; Área de transferencia de calor, A; Coeficiente global de transferencia de calor U, y la diferencia efectiva de temperatura ΔTe. Escribiendo la Ec. 3.25 con identificación acorde a la secuencia de este capítulo, tenemos que

$$Q = U A \Delta T_e \qquad (4.1)$$

Carga térmica Q. Como fue definida en la sección anterior, la carga térmica Q es la cantidad de energía que el intercambiador está en capacidad de transferir y puede calcularse aplicando la Primera Ley de la Termodinámica, que puede expresarse en forma general con la Ec.3.26, en términos de los cambios de entalpía $\Delta H = (H_1-H_2)$ en el fluido caliente y $\Delta h = (h_2-h_1)$ en el fluido frío; y con la Ec. 3.27, cuando solo se transfiere calor sensible. Observe, que en estas ecuaciones las variables o propiedades en letras minúsculas corresponden al fluido frío, y en mayúsculas al fluido caliente; ésta notación la estaremos usando en lo sucesivo. Escribiendo las ecuaciones 3.26 y 3.27 con las notaciones correspondientes a este capítulo tenemos,

$$Q = M \times \Delta H = m \times \Delta h \qquad (4.2)$$

$$Q = M \times C_P \times (T_1 - T_2) = m \times c_P \times (t_2 - t_1) \qquad (4.3)$$

Donde C_P es la capacidad calorífica del fluido caliente a la temperatura promedio entre T_1 y T_2, y c_P la del fluido frío entre t_1 y t_2.

Área de transferencia de calor. Ésta área corresponde a la superficie de la cara exterior A_o o a la superficie de la cara interior A_i del tubo interno y viene dada por:

$$A_i = 2\pi r_i L = \pi d_i L \qquad (4.4)$$

$$A_o = 2\pi r_o L = \pi d_o L \qquad (4.5)$$

Normalmente el área que se reporta o calcula es la externa A_o, que también puede obtenerse despejándola de la Ec. 4.1. En lo sucesivo, estaremos refiriéndonos al área externa.

$$A_o = Q/(U_o \Delta T_e) \qquad (4.6)$$

Coeficiente global de transferencia de calor, U. Este coeficiente puede calcularse con la Ec. 3.10 o Ec. 3.11, y como hemos seleccionado al área externa A_o, como área de transferencia, vamos a usar la Ec. 3.11, expresando la resistencia por conducción R_K en forma logarítmica, por tratarse de una pared cilíndrica.

$$U = \cfrac{1}{\cfrac{A_o}{h_i A_i} + \cfrac{A_o \ln(r_o / r_i)}{2\pi kL} + \cfrac{1}{h_o}} \qquad (4.7)$$

$$U = \cfrac{1}{\cfrac{d_o}{h_i d_i} + \cfrac{r_o \ln(r_o / r_i)}{k} + \cfrac{1}{h_o}} \qquad (4.8)$$

De las tres resistencias que se oponen al flujo de calor, el diseñador tiene la libertad de seleccionar la metalurgia del tubo interno con alta conductividad térmica k, de tal manera que su resistencia sea muy baja y pueda despreciarse en el cálculo de U, por lo que la Ec. 4.8 se reduce a:

$$U = \frac{1}{\dfrac{1}{h_{io}} + \dfrac{1}{h_o}} = \frac{h_{io} h_o}{h_{io} + h_o} \qquad (4.9)$$

Donde h_{io} es el coeficiente local interno referido al área externa A_o y viene dado por $h_{io} = h_i\,(d_i/d_o)$. Si se trata de algún c'lculo riguroso en el que se requeira mantener la resistencia por conducción en la pared del tubo, entonces utilizar la Ec. 4.7 o Ec. 4.8.

Coeficiente local de transferencia de calor h_i. Para calcular el coeficiente dentro del tubo h_i, en la literatura técnica relacionada existe una variedad de correlaciones empíricas para flujo dentro de tuberías, entre las que destaca la presentada por Sieder y Tate[3,4], que tiene exactitud entre ±10 y ±15% cuando se aplican al calentamiento o enfriamiento de fracciones de petróleo, líquidos orgánicos, soluciones acuosas y gases y no es recomendable para agua.

$$Nu = 1,86 \left[R_e\, P_r\, (d_i/L) \right]^{1/3} (\mu/\mu_w)^{0,14} \qquad \begin{array}{l} R_e \le 2100 \\ R_e P_r d_i/L > 10 \end{array} \qquad (4.10)$$

$$Nu = 0,027\, R_e^{0,8}\, P_r^{1/3}\, (\mu/\mu_w)^{0,14} \qquad Re > 2100 \qquad (4.11)$$

Para agua se recomienda la Ec. 4.12 obtenida correlacionando datos tomados de la Fig. A.2.

$$h_i = (169,145 + 1,662\, T)\, v^{(0,7259 + 0,000273\, T)} \qquad (4.12)$$

La Ec. 4.12 corresponde a tubos de diámetro exterior ¾ de pulgadas BWG 16, con diámetro interior de 0,62 pulgadas, por lo que para tubos de otros diámetros, el valor de h obtenido con esta ecuación, hay que multiplicarlo por factor obtenido con la Ec. 4.12.a,

$$Factor = 0,908 - 0,1868\, Ln(d_i) \qquad (4.12.a)$$

Donde $Ln(d_i)$ es el logaritmo natural del diámetro interior del tubo.

En las ecuaciones anteriores $Nu = h_i d_i / k$ es el módulo de Nusselt, $Re = \rho d_i v_i / \mu$ el módulo de Reynolds y $Pr = \mu c_p / k$ el módulo de Prandlt. L es la longitud del intercambiador, di el diámetro interior del tubo interno y μ_w la viscosidad del fluido dentro del tubo a la temperatura de la pared interior, t_w. En la Ec. 4.12, v es la velocidad del agua en pie/seg. Cuando se trata de fluidos con muy poca variación de viscosidad con la temperatura, el factor de corrección por viscosidad se puede aproximar a la unidad, $\Phi = (\mu/\mu_w)^{0,14} = 1$. Las otras propiedades del fluido, capacidad calorífica Cp, viscosidad μ, densidad ρ, y conductividad térmica k, se evalúan a la temperatura promedio del fluido dentro del tubo, tomada como la media aritmética entre las temperaturas de entrada y salida al intercambiador, $T_b = (T_1+T_2)/2$ o $t_b = (t_1+ t_2)/2$.

Coeficiente local de transferencia de calor h_o. El coeficiente h_o del fluido que circula por el anillo, puede calcularse también con la Ec. 4.10 o la Ec. 4.11, o la Ec. 4.12, pero el diámetro di tiene que reemplazarse por el diámetro equivalente D_e del anillo, que por definición viene dado por:

$$D_e = \frac{4 x \text{ Area de flujo}}{\text{Perímetro húmedo}} = \frac{4 x A_f}{P_h} \qquad (4.13)$$

El área de flujo por donde circula el fluido del anillo, A_{FA}, es igual a la diferencia entre el área seccional del tubo externo menos el área seccional del tubo interno y viene dada por,

$$A_{FA} = \frac{\pi D_i^2}{4} - \frac{\pi d_o^2}{4} = \frac{\pi}{4}(D_i^2 - d_o^2) \qquad (4.14)$$

El perímetro húmedo es aquel por donde fluye el calor y es el correspondiente al perímetro exterior del tubo interno, y viene dado por:

$$P_h = \pi d_o \qquad (4.15)$$

Sustituyendo en la Ec. 4.16, se tiene que,

$$D_e = \frac{D_i^2 - d_o^2}{d_o} \qquad (4.16)$$

Es oportuno aclarar que para cálculos de caída de presión en el anillo, el diámetro equivalente es diferente ya que el perímetro húmedo pasa a ser,

$$P_h = \pi(D_i + d_o) \qquad (4.17)$$

Esto se debe a que la pérdida de presión se afecta tanto por la fricción con la superficie exterior del tubo interno, como por la fricción en la cara interior del tubo externo. Así que, sustituyendo esta expresión para el perímetro húmedo en la Ec. 4.16, se tiene que para la caída de presión en el anillo, el diámetro equivalente viene dado por,

$$D_e = D_i - d_o \qquad (4.18)$$

Temperatura de la pared t$_w$. Considerando que la resistencia de la pared del tubo es despreciable, la temperatura de la pared t$_w$ puede calcularse con una de las ecuaciones siguientes, dependiendo del lado que fluya cada fluido.

Cuando el fluido frío fluye por dentro del tubo, la temperatura de la pared viene dada por la Ec. 4.19 o Ec. 4.19.a,

$$t_w = T_b - \frac{h_{io}}{h_{io} + h_o}(T_b - t_b) \tag{4.19}$$

$$t_w = t_b + \frac{h_o}{h_{io} + h_o}(T_b - t_b) \tag{4.19.a}$$

Cuando es el fluido caliente que fluye por dentro del tubo, la temperatura de la pared del tubo viene dada por la Ec. 4.19.b o Ec 4.19.c,

$$t_w = T_b - \frac{h_o}{h_{io} + h_o}(T_b - t_b) \tag{4.19.b}$$

$$t_w = t_b + \frac{h_{io}}{h_{io} + h_o}(T_b - t_b) \tag{4.19.c}$$

Estas ecuaciones también pueden expresarse en términos de los coeficientes locales sin corregir por viscosidad, h$_{io}$/Φ_i y h$_o$/Φ_o como se muestra en las ecuaciones siguientes, siendo la Ec. 4.20 y 4.20.a equivalentes a la Ec. 4.19 y 4.19.a y la Ec. 4.21 y Ec. 4.12.a equivalentes a la Ec. 4.19.b y Ec. 4.19.c
Para fluido frío fluyendo dentro del tubo,

$$t_w = T_b - \frac{h_{io}/\Phi_i}{h_{io}/\Phi_i + h_o/\Phi_o}(T_b - t_b) \tag{4.20}$$

$$t_w = t_b + \frac{h_o/\Phi_o}{h_{io}/\Phi_i + h_o/\Phi_o}(T_b - t_b) \tag{4.20.a}$$

Y para el fluido caliente fluyendo por dentro del tubo,

$$t_w = T_b - \frac{h_o/\Phi_o}{h_{io}/\Phi_i + h_o/\Phi_o}(T_b - t_b) \tag{4.21}$$

$$t_w = t_b + \frac{h_{io}/\Phi_i}{h_{io}/\Phi_i + h_o/\Phi_o}(T_b - t_b) \tag{4.21.a}$$

El procedimiento consiste en calcular, con la correlación que aplique, los coeficientes locales sin corregir por viscosidad: h$_{io}$/Φ_i y h$_o$/Φ_o; luego sustituirlos en la ecuación que corresponda de la Ec.4.20 a la Ec 4.21.a y calcular la temperatura de la pared t$_w$. Después se procede a evaluar la viscosidad a esta temperatura y obtener los valores de $\Phi_i = (\mu/\mu_w)^{0,14}$ y $\Phi_o = (\mu/\mu_w)^{0,14}$, que luego al multiplicarlos por h$_i$/Φ_i y h$_o$/Φ_o se obtienen los valores de los h$_i$ y h$_o$ corregidos por viscosidad; posteriormente se refiere h$_i$ al área externa con h$_{io}$= h$_i$(d$_i$/d$_o$).

Factor de ensuciamiento R$_D$. Los fluidos que circulan por ambos conductos del intercambiador, tienen la tendencia a depositar sucio en ambas caras del tubo interno, lo que produce una resistencia adicional al flujo de calor y debe ser considerada al momento de diseñar estos equipos. Bajo esta consideración, el coeficiente global calculado con la Ec. 4.9, se define como el coeficiente global limpio U_C, ya que no considera el sucio que se formará durante el proceso,

$$U_C = \frac{h_{io}h_o}{h_{io} + h_o}$$ (4.22)

Si definimos las resistencias aportadas por el sucio en las caras interior y exterior del tubo como R_{Di} y R_{Do} respectivamente, y con $R_D = R_{Dio} + R_{Do}$, entonces el coeficiente global U_D, viene dado por:

$$\frac{1}{U_D} = \frac{1}{U_C} + R_D$$ (4.23)

$$R_D = \frac{U_C - U_D}{U_C U_D}$$ (4,23a)

Como producto de la experiencia en el desarrollo de procesos, los factores R_D se conocen y se tienen tabulados para un período de tiempo determinado. La magnitud de dichos factores está estrechamente ligada al tipo de fluidos y severidad de los procesos. En la Tabla A.3, se presentan rangos de valores típicos para coeficientes globales U_D; y en la Tabla A.4, valores típicos de los factores de ensuciamiento R_D. La Fig. 4.2 es una representación típica de la variación del coeficiente global U con el tiempo entre U_C y U_D considerados durante el diseño para operar un tiempo determinado. El valor U_D permitido, puede alcanzarse antes o después del tiempo considerado por diseño y esto va a depender del nivel de severidad a que se someta el proceso.

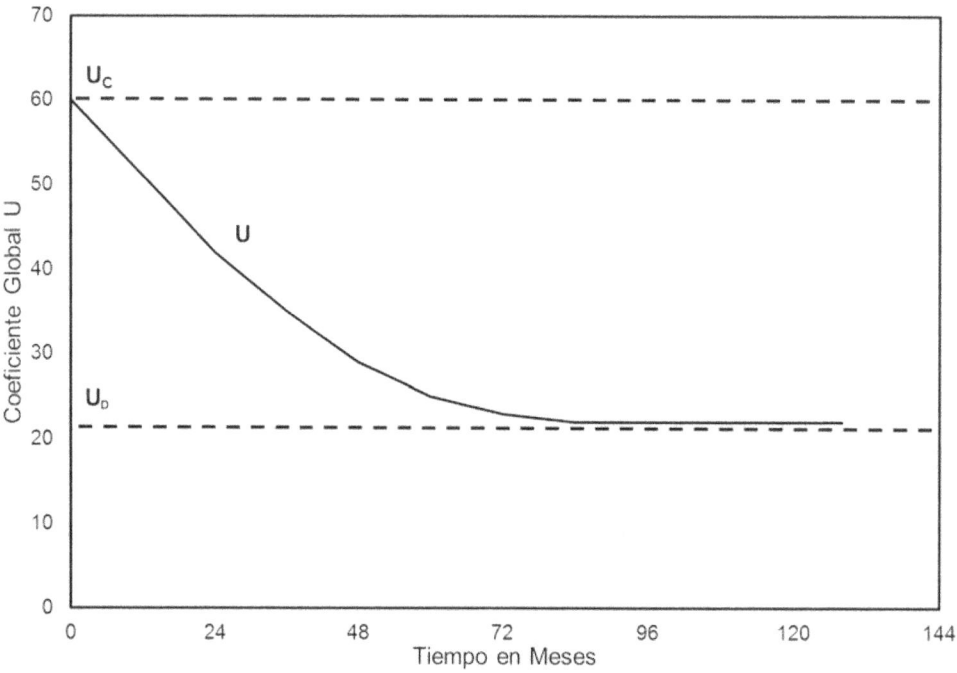

Fig. 4.2. Variación del coeficiente U con el tiempo de servicio.

Diferencia Efectiva de Temperatura ΔTe. La Fig. 4.3.a muestra los cambios de temperatura de ambos fluidos en función de la longitud del intercambiador, cuando circulan a flujo contracorriente y la Fig. 4.3.b cuando circulan en flujo paralelo, y se observa que la variación de las temperaturas, no es lineal, y se ha optado la Media Logarítmica de la Diferencia de Temperatura, MLDT, como la mejor y más práctica expresión para calcular la Diferencia Efectiva de temperatura ΔTe en el intercambiador. Para esta expresión solamente se necesitan las temperaturas de entrada y salida, que pueden obtenerse por requerimientos de diseño o medición directa en campo y en muchos casos por balance de energía.

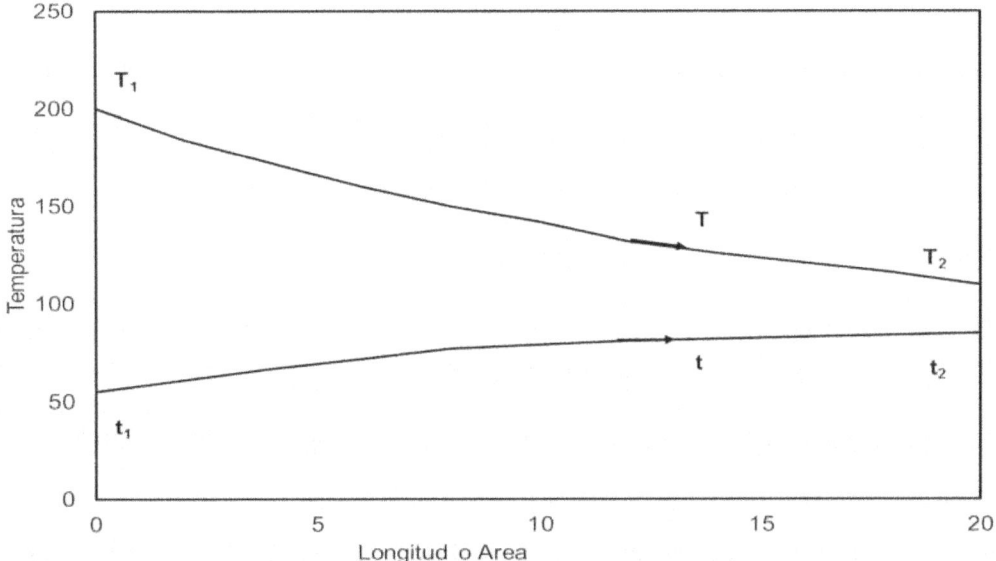

Fig. 4.3.a. Variación de temperatura en un Doble Tubo en paralelo.

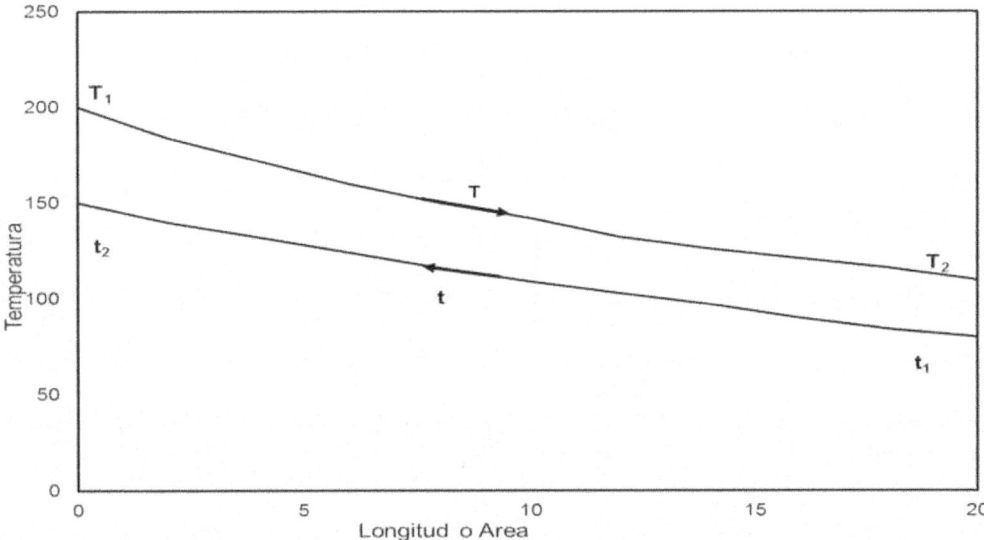

Fig. 4.3.b. Variación de temperatura en un Doble Tubo contracorriente.

Para flujo en contracorriente se tiene que[4,7,9,10,13]

$$\Delta T_{CC} = MLDT_{CC} = \frac{(T_1 - t_2) - (T_2 - t_1)}{Ln\left[\dfrac{T_1 - t_2}{T_2 - t_1}\right]} \tag{4.24}$$

Y para flujo en paralelo,

$$\Delta T_{P} = MLDT_{P} = \frac{(T_1 - t_1) - (T_2 - t_2)}{Ln\left[\dfrac{T_1 - t_1}{T_2 - t_2}\right]} \tag{4.25}$$

En flujos paralelos, la temperatura más baja que puede alcanzar el fluido caliente, es la temperatura de salida del fluido frío y cuando esto ocurre, la MLDT = 0, y al aplicar la ecuación de Fourier para calcular el área A = Q/U$_D$MLDT, ésta resulta infinita, lo cual es físicamente imposible. En consecuencia, para que fluido caliente alcance este nivel de temperatura a la salida, debe utilizarse flujos en contracorriente.

A continuación se presentan ejemplos numéricos para corroborar que, bajo condiciones similares de proceso, se cumple que MLDTCC ≥ MLDTp, y que la igualdad sólo aplica cuando uno de los fluidos se mantiene a temperatura constante, lo que ocurre durante la condensación o evaporación de una sustancia pura.

Ejemplo 4.1. Se necesita disminuir la temperatura a un fluido de 400°F hasta 300°F, con otro fluido que se calienta de 100°F hasta 250°F, y se dispone de un intercambiador de doble tubo, de área A y coeficiente global U, que puede operar en contracorriente o en paralelo. Como debería operar el intercambiador?

Solución. Si opera en contracorriente, la MLDT viene dada por,

$$\Delta T_{CC} = MLDT_{CC} = \frac{(400 - 250) - (300 - 100)}{Ln\left[\dfrac{400 - 250}{300 - 100}\right]} = 173{,}8°F$$

Si opera en paralelo, la MLDT es,

$$\Delta T_{p} = MLDT_{p} = \frac{(400 - 100) - (300 - 250)}{Ln\left[\dfrac{400 - 100}{300 - 250}\right]} = 139{,}5°F$$

Como el producto UA es el mismo, entonces operando en contracorriente habrá mayor flujo de calor.

Ejemplo 4.2. Se requiere calentar agua de 100°F hasta 200°F, utilizando vapor de agua saturado a 250°F y se dispone de un intercambiador de doble tubo, de área A y coeficiente global U, que puede operar en contracorriente o en paralelo. Como debería operar el intercambiador?

Solución. Si opera en contracorriente, la MLDT viene dada por,

$$\Delta T_{CC} = MLDT_{CC} = \frac{(250-200)-(250-100)}{Ln\left[\dfrac{250-200}{250-100}\right]} = 91 {}^\circ F$$

Si opera en paralelo, la MLDT es,

$$\Delta T_{p} = MLDT_{p} = \frac{(250-100)-(250-200)}{Ln\left[\dfrac{250-100}{250-200}\right]} = 91 {}^\circ F$$

Como el producto UA es el mismo y MLDTCC = MLDTp entonces es indiferente como opere el intercambiador.

Es oportuno comentar nuevamente que para calcular la MLDT es necesario disponer de los cuatro valores de la temperatura de entrada y salida de cada fluido, si esto no ocurre, no es posible calcular la MLDT. Por esta razón es necesario disponer de la información requerida para obtener estas cuatro temperaturas. Generalmente los procesos define tres y la cuarta se determina por balance, pero si solo se conocen dos, no es posible obtener la MLDT y por consiguiente no se puede ejecutar el cálculo del intercambiador. Como señalamos en la Sección 3.3, cuando esto ocurre, se aplica el método de cálculo basado en la eficiencia del intercambiador de calor, también conocido como NTU, el cual no requiere de las cuatro temperaturas para su desarrollo, En este texto estaremos considerando que siempre tendremos las cuatro temperaturas directamente o por balance de energía y aplicaremos el método basado en la MLDT.

Ejemplo 4.3. Se requiere enfriar una corriente de propano de 150ºF hasta 100ºF, utilizando agua que entra a 90ºF y sale a 100ºF. Si se dispone de un intercambiador de doble tubo, de área A y coeficiente global U, que puede operar en contracorriente o en paralelo. Como debería operar el intercambiador para garantizar la máxima transferencia de calor?

Solución. Si opera en contracorriente, la MLDT viene dada por,

$$\Delta T_{CC} = MLDT_{CC} = \frac{(150-100)-(100-90)}{Ln\left[\dfrac{150-100}{100-90}\right]} = 24,85 {}^\circ F$$

Si opera en paralelo, la MLDT es,

$$\Delta T_{p} = MLDT_{p} = \frac{(150-90)-(100-100)}{Ln\left[\dfrac{150-90}{100-100}\right]} = 0 {}^\circ F$$

Es evidente que debería operar en contracorriente.

4.3. Cálculos hidráulicos.

Los intercambiadores de calor de doble tubo forman parte de dos circuitos hidráulicos, a través de los cuales fluyen los fluidos que circulan por el tubo y por el anillo, impulsados por bombas que deben tener suficiente presión de descarga, para vencer todas las restricciones que se encuentran en su respectivo circuito. Bajo esta premisa, cuando se diseña un intercambiador, además de cumplir con los requerimientos de transferencia de calor, también debe cumplir con las restricciones de caída de presión del fluido tanto en el anillo como en el tubo interno, es decir, que las pérdidas de presión en cada lado deben ser menor o igual a las permitidas por el circuito hidráulico.

Selección del arreglo D x d. Tanto el anillo como el tubo interno deben tener capacidad para permitir el flujo de ambos fluidos a velocidades aceptables y con una caída de presión que esté en el rango permitido por el circuito hidráulico donde se encuentre el intercambiador. Para asegurar esto, es necesario seleccionar de la Tabla 4.1 un arreglo y proceder a calcular las caídas de presión en cada conducto, hasta obtener el que cumpla con las condiciones impuestas en caída de presión. Lo anterior se puede ejecutar de dos formas:

a) Con la Ec. 4.26 se calcula el diámetro interior del tubo interno, que pueda manejar uno de los flujos que van a entrar y salir del intercambiador,

$$d_i = 0{,}2256 \sqrt{\frac{m}{\rho v_t}} \qquad (4.26)$$

Con d_i y la Tabla A.1 para especificaciones de tuberías IPS, se determina el diámetro exterior d_o respectivo. Luego, con la ayuda de la Tabla 4.1, para arreglos de doble tubo, se selecciona el D_o y D_i correspondiente, teniendo así el arreglo D x d requerido.

b) Cuando se dispone de un arreglo determinado, no es necesario aplicar el procedimiento anterior, ya que se conocen todas las especificaciones de los dos tubos.

Pérdida de presión en los tubos. Estos cálculos pueden ejecutarse aplicando la ecuación de Fanning, que para el tubo interno se puede expresar como,

$$\Delta P_T = \frac{f G_T^2 L}{3{,}01 \times 10^{10} \rho d_i} \qquad (4.27)$$

Con ΔP_T en psi, $G_T = m/A_{FT}$ lb/hr-pie^2; $A_{FT} = \pi d_i^2/4$ es el área seccional del tubo; L, la longitud del intercambiador en pie, ρ la densidad del fluido en lb/pie^3, d_i el diámetro interior de tubo, en pie y f el factor de Fanning que para flujo laminar puede calcularse con la ecuación de Hagen-Poiseuille[4], Ec. 4.28,

$$f = \frac{16}{Re} \qquad (4.28)$$

Para flujo turbulento, McAdams[4] y colaboradores, proponen la Ec. 4.29.a para tubos lisos y la Ec.4.29.b para tubos comerciales.

$$f = 0{,}0014 + \frac{0{,}125}{Re^{0{,}32}} \qquad (4.29.a)$$

$$f = 0{,}0035 + \frac{0{,}264}{Re^{0{,}42}} \qquad (4.29.b)$$

Pérdida de presión en el anillo. Al igual que para el tubo, en el anillo también se aplica la ecuación de Fanning, la cual queda como,

$$\Delta P_A = \frac{f G_A^2 L}{3{,}01 \times 10^{10} \rho D_e} \qquad (4.30)$$

Con ΔP_A en psi, $G_A = M/A_{FA}$ lb/hr-pie^2; A_{FA} dado por la Ec. 4.14; L, la longitud del intercambiador en pie, ρ la densidad del fluido en lb/pie^3, D_e el diámetro equivalente del anillo, en pie, dado por la Ec. 4.18; y f el factor de Fanning que para flujo laminar y turbulento, también pueden estimarse con las ecuaciones 4.28 y 4.29.a ó 4.29.b, respectivamente.

Pérdida de presión por las conexiones entre anillos. Cada vez que el fluido que fluye por el anillo, pasa de un tramo a otro con una velocidad v, la pérdida de presión se estima en términos de un cabezal de velocidad, y viene dado por,

$$\Delta P_{Te} = \frac{\rho v^2}{9.273{,}6} \text{ psi / horquilla} \qquad (4.31)$$

Donde la velocidad v está en pie/seg y la densidad ρ en lb/pie^3. Las pérdidas de presión por entradas y salidas se pueden despreciar cuando la velocidad en el anillo es menor de 3 pie/seg. La pérdida de presión total del fluido entre la entrada y la salida del anillo viene dada por $\Delta P_A + \Delta P_{Te}$ x(Número Horquillas).

En las ecuaciones anteriores, se consideró que el flujo caliente M fluye por el anillo y el frío m por el tubo, pero esto solamente fue para describir las ecuaciones, sin embargo, una de las decisiones que debe tomar el diseñador, es donde coloca cada fluido y generalmente se decide, en base a las magnitudes de los flujos y al arreglo D x d, tratando de introducir cada fluido por el lado que produzca menor pérdida de presión. Hay casos en los que ni el anillo ni el tubo, tienen capacidad para manejar en serie las corrientes, esto motiva a hacer arreglos de los fluidos en serie–paralelo, que consiste en dividir el flujo entre dos secciones del intercambiador y así disminuir la caída de presión. La Fig. 4.4 muestra un arreglo en serie y la Fig. 4.5 un arreglo en serie-paralelo, donde un fluido fluye en serie por el anillo y el otro fluye en paralelo por el tubo.

En los arreglos serie – paralelo, la diferencia efectiva de temperatura no es igual a la MLDT, pero puede calcularse con las relaciones siguientes[4]:

$$\Delta T_E = \varphi(T_1 - t_1) \tag{4.32}$$

Cuando el fluido frío se divide en n pasos en paralelo, con el fluido caliente completamente en serie, el factor de corrección φ se calcula con la Ec. 4.33,

$$\frac{1-S^*}{\varphi} = \frac{nR^*}{R^*-1} Ln\left[\left(\frac{R^*-1}{R^*}\right)\left(\frac{1}{S^*}\right)^{1/n} + \frac{1}{R^*}\right] \tag{4.33}$$

Donde
$$S^* = \frac{T_2 - t_1}{T_1 - t_1} \quad y \quad R^* = \frac{T_1 - T_2}{n(t_2 - t_1)} \tag{4.34}$$

Cuando el fluido caliente se divide en "n" corrientes en paralelo, con el fluido frío completamente en serie, el factor de corrección φ se calcula con la Ec. 4.35,

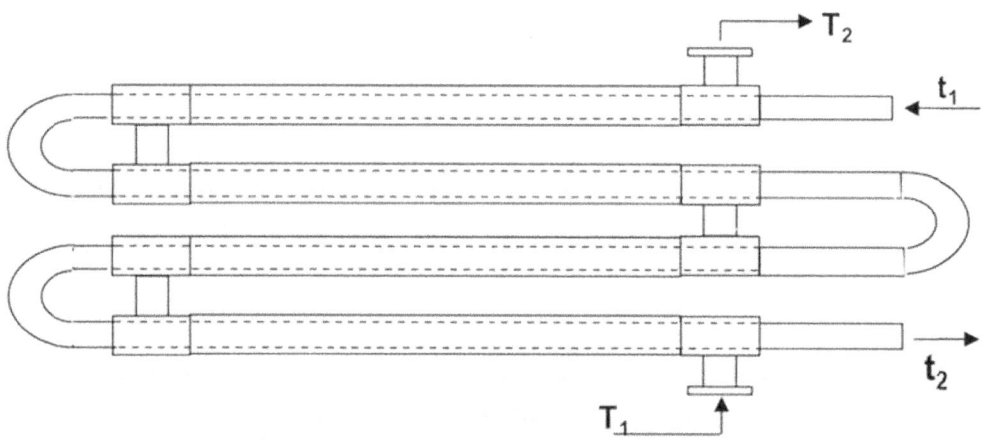

Fig. 4.4. Intercambiador de Doble Tubo en Serie

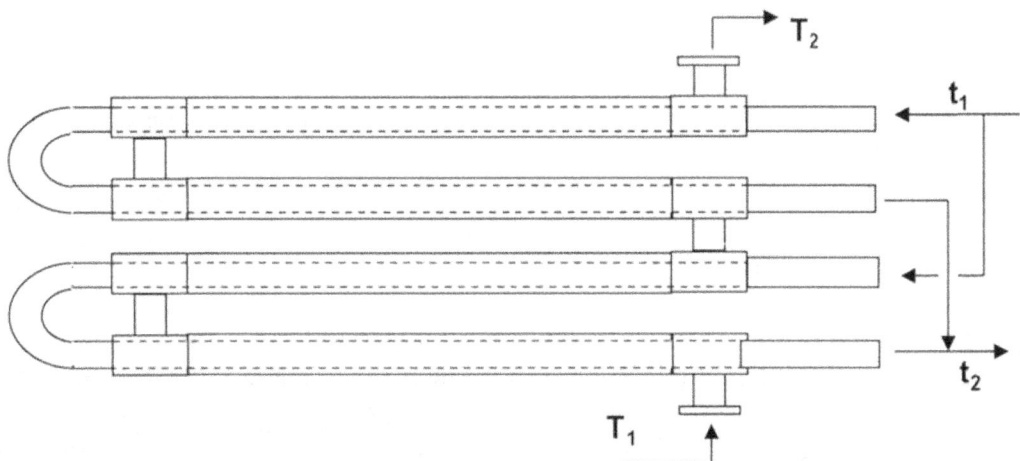

Fig. 4.5. Intercambiador de Doble Tubo en Serie-Paralelo

$$\frac{1-S^{**}}{\varphi} = \frac{n}{1-R^{**}}Ln\left[\left(1-R^{**}\right)\left(\frac{1}{S^{**}}\right)^{1/n} + R^{**}\right] \qquad (4.35)$$

Donde

$$S^{**} = \frac{T_1 - t_2}{T_1 - t_1} \quad y \quad R^{**} = \frac{n(T_1 - T_2)}{t_2 - t_1} \qquad (4.36)$$

Ejemplo 4.4. Un intercambiador de doble tubo en contracorriente, con el fluido caliente en serie se enfría de 400 a 300°F, con un fluido frío, con cuatro corrientes en paralelo, que se calienta de 250°F hasta 305°F. Calcular la diferencia de temperatura verdadera y compare con la MLDTcc.

La solución a este ejemplo, corresponde al caso de la Ec. 4.33, donde,

$$S^* = \frac{T_2 - t_1}{T_1 - t_1} = \frac{300-250}{400-250} = 0,3333 \quad y \quad R^* = \frac{T_1 - T_2}{n(t_2 - t_1)} = \frac{400-300}{4(305-250)} = 0,45$$

Reemplazando valores en la Ec. 4.33 y resolviendo se tiene que φ= 0,42 y entonces

$$\Delta T_E = \varphi(T_1 - t_1) = 0,42(400-250) = 63,0°F$$

La MLDT$_{cc}$ para este caso da como resultado 70,1°F, por lo que si se usa esta última para calcular la diferencia de temperatura, se cometería un 10% de error en los cálculos.

4.4. DISEÑO Y EVALUACIÓN.

Los cálculos, térmicos e hidráulicos, más comunes para intercambiadores de calor se ejecutan con los propósitos siguientes:

a) Diseñar para la construcción.
b) Evaluar uno existente en operación, para determinar sus condiciones y decidir sobre su mantenimiento.
c) Evaluar uno existente en operación, para determinar si puede soportar incrementos de carga o cambio de condiciones.
d) Evaluar uno existente para un nuevo servicio.

Diseño para construcción. Cuando se diseña un intercambiador para un servicio definido, el objetivo final es llegar hasta dimensionarlo, especificando área de transferencia de calor, longitud y diámetros de los tubos y caída de presión en ambos fluidos. Con esta información de procesos, se definen los aspectos mecánicos y posteriormente se elabora la Hoja de Datos respectiva la cual se utiliza para las especificaciones técnicas que se utilizarán para solicitar su procura y construcción.

Un procedimiento global para el diseño es el siguiente:

a) Definir las variables de procesos: flujos, temperaturas, presiones y el factor R_D.
b) Seleccionar el arreglo D x d, y considerar Doble Tubo en Serie.
c) Calcular la carga de calor Q, y hacer balance con la Ec.4.2 o la Ec. 4,3.
d) Considerar Doble Tubo en contracorriente y calcular la MLDT con la Ec 4.24.
e) Calcular los coeficientes locales h_i y h_o con las ecuaciones 4.10 ó 4.11, o con la Fig A.1. Si el fluido es agua, usar la Ec. 4.12 o la Fig. A.2.
f) Calcular el coeficiente U_C con la Ec. 4.22.
g) Calcular el coeficiente global U_D con la Ec. 4.23.
h) Calcular el área de transferencia de calor requerida, A, con la Ec. 4.6.
i) Calcular la longitud L de tubo necesaria, con la Ec. 4.5.
j) En base al espacio disponible para instalar el intercambiador, seleccionar la longitud de cada tramo y calcular el número de tramos requeridos, dividiendo la longitud total L, entre la longitud de un tramo. Con esta información también se determina el número de horquillas resultante.
Si por razones de la estandarización de las longitudes de los tramos disponibles, es necesario ajustar la longitud final calculada, se debe calcular la nueva área y calcular el nuevo U_D y también el factor R_D. Este nuevo R_D debe ser igual o mayor al requerido.
k) Con las ecuaciones 4.27, 4.30 y 4.31, calcular las caídas de presión lado tubo y lado anillo. Si las caídas de presión son superiores a las permitidas, entonces seleccionar otro arreglo D x d, y repetir los cálculos hasta que las caídas de presión sean menores que las permitidas.

l) Una vez que se logre el diseño que cumpla con los requerimientos de proceso, se procede a llenar la Hoja de Datos del intercambiador, que luego será complementada con los datos mecánicos asociados a su construcción. Para esto se utilizará un formato típico o recomendado por Standards of Tubular Exchanger Manufacturers Association, Inc, TEMA[13].

Ejemplo 4.5. Diseño de un pre calentador. Se solicita diseñar un intercambiador de Doble Tubo para recuperar la energía contenida en una corriente de 10.000 lb/hr de un hidrocarburo de 35°API, enfriándolo de 400°F hasta 300°F, precalentando una corriente de 20.000 lb/hr de otro hidrocarburo de 30°API, que entra a 250°F. El circuito hidráulico donde va a estar el intercambiador no permite una caída de presión mayor de 10 psi tanto en el tubo como en el anillo. El factor de ensuciamiento típico para este servicio es de 0,003 hr-pie^2-°F/Btu, en el lado anillo y 0,003 el lado tubo (R_D= 0,006) y la velocidad promedio recomendada en ambos fluidos es de 6 pie/seg. Con la información anterior elaborar la Hoja de Datos del intercambiador y responder lo siguiente: a) Arreglo DxdxL a utilizar. b) Número de horquillas necesarias. c) Caída de presión en el lado anillo y en el lado tubo. d) Área de transferencia de calor. e) Arreglo de las horquillas, en serie o serie-paralelo.

Solución.
a) Datos de procesos

Variable	Unidad	35°API	30°API
Flujo	lb/hr	10.000	20.000
Temp. entrada	°F	400	250
Temp. Salida	°F	300	305 (Calculada)
Factor R_D	hr-pie^2-°F/Btu	0.006	

b) Selección del arreglo D x d.
En principio se considera un Doble Tubo en Contracorriente y consideremos dos opciones para luego seleccionar la más apropiada.
La primera opción es con m = 20.000 lb/hr de petróleo pasando por el tubo interno, y M = 10.000 lb/hr de diésel por el anillo. Aplicando la Ec. 4.26, el diámetro interior del tubo viene dado por,

$$d_i = 0,2256\sqrt{\frac{m}{\rho v_t}} = 0,2256\sqrt{\frac{20.000}{57,26 \times 6}} = 1,721 \text{ plg.}$$

En la Tabla A.1, el diámetro interior más cercano a 1,721 plg es 1,939 plg, que corresponde a un diámetro exterior de 2,38 plg, norma 80 y diámetro nominal de 2,0 plg, que según la Tabla 4.1, corresponde a un arreglo de tubos concéntricos de 3 x 2, con el tubo externo de diámetros exterior D_o = 3,5 plg, e interior D_i = 2,90 plg y el tubo interno con diámetros exterior e interior do = 2,375 plg y di = 1,939 plg respectivamente.

La segunda opción es con M = 10.000 lb/hr de diésel pasando por el tubo interno, y 20.000 lb/hr de petróleo por el anillo. Aplicando el mismo procedimiento anterior, se obtiene un arreglo de 2 $^{1/2}$ x 1 $^{1/4}$ norma 40.

El arreglo D x d final será aquel que produzca la menor caída de presión en el rango permitido.

c) Balance de Calor (Ec. 4.3).

Temperatura promedio del hidrocarburo 35 °API T_b = (400+300)/2 = 350°F.

Capacidad calorífica, C_P = 0,6096 Btu/lb/°F. (Correlaciones Tabla A.6.2)

$$Q = M \, C_P \, (T_1 - T_2) = 10.000 \times 0,6096 \times (400- 300) = 609.600 \text{ Btu/hr.}$$

Temperatura de salida del hidrocarburo 30 °API:

$$t_2 = t_1 + Q/(m \, c_P) = 250 + 609.600/(20.000 x c_P) = 305°F$$

$$c_P(t,°API) = 5,51 \times 10^{-4} \, t + 2,23 \times 10^{-3} \, (°API) + 0,3387$$

Con la solución simultánea de las dos ecuaciones anteriores se obtiene:

$$t_2 = 305 \text{ °F con un } c_P \text{ promedio de } 0,55418 \text{ Btu/lb-°F}$$

Temperatura promedio del hidrocarburo 30 °API,

$$t_b = (305 + 250)/2 = 277,5°F$$

d) Diferencia efectiva de temperatura (Eq. 4.24).

Por tratarse de un doble tubo en serie y en contracorriente, se aplica la Ec. 4.24.

$$\Delta T_{CC} = MLDT_{CC} = \frac{(T_1 - t_2)-(T_2 - t_1)}{Ln\left[\dfrac{T_1 - t_2}{T_2 - t_1}\right]} = \frac{(400-305)-(300-250)}{Ln\left[\dfrac{400-305}{300-250}\right]} = 70,11° F$$

e) Coeficientes individuales de transferencia de calor. (Eq. 4.11).

e-1) Coeficiente h_o en el anillo (Hidrocarburo 35 °API)

Diametros del anillo

Di = 2.90/12 = 0,24166 pie
Do = 3,500/12 = 0,29166 pie
Diámetro equivalente del anillo(Eq. 4.19)

$$D_e = \frac{(D_i^2 - d_o^2)}{d_o} = 0,09719 \quad \text{pie}$$

Área de flujo (Ec.4.17).

$$A_{FA} = \frac{\pi}{4}(D_i^2 \quad d_o^2) = 0,01510 \text{ pie}^2$$

Flujo G_A = M / A_{FA} en lb/hr-pie^2 = 10.000/0.01510 =662.251,65

Propiedades a temperatura promedio T_b = 350°F (Tabla A.6.2)

Viscosidad μ, 1,001 lb/pie-hr
Densidad ρ,   45.62 lb/pie^3
Conductividad k, 0,0726 Btu/hr-pie-°F
Capacidad calorífica C_P, 0,6096 Btu/lb -°F

Módulo de Reynold, Re = $G_A D_e/\mu$=662.251,65x0,09719/1.001=64.300

Módulo de Prandtl, Pr=$\mu C_P/k$ = 1,001x0,6096/0,0726=8.41

Módulo de Nusselt, $Nu_o = \dfrac{h_o D_e}{k}$ = 0,027 x $Re^{0,8}$ x $Pr^{0,333}$xΦ_o

$Nu_o = \dfrac{h_o D_e}{k}$ =385,54xΦ_o

Coeficiente h_o , (Ec. 4.11)

$$\frac{h_0}{\phi_o} = \frac{385,54 \times 0,0726}{0,09719} = 287,99$$

e-2) Coeficiente h_i dentro del tubo (Hidrocarburo 30 °API)

Diámetros del del tubo exterior
di = 1,939/12 = 0,1616 pie
do = 2,375/12 = 0,1979 pie

Área de flujo

A_{FT} = $\pi d_i \times d_i^2$ /4 = 0,02051pie^2

Flujo G_T = m / A_{FT} lb/hr-pie^2 =20.000/0,02051=975.134 lb/hr-pie^2

Propiedades a la temperatura promedio t_b = 277,5°F (Tabla A.6.2).

Viscosidad μ, 3,926 lb/pie-hr
Densidad ρ, 49.12 lb/pie^3
Conductividad k, 0,0719 Btu/hr-pie-°F
Capacidad Caloríica, C_P, 0,55418 Btu/lb -°F

Módulo de Reynold, Re = $G_T \times d_i / \mu$ = 975.134x0,1616 / 3.926= 40.138

Módulo de Prendtl, Pr = 3.926x0.55418/0,0719= 30,6

Módulo de Nusselt, $Nu_i = \dfrac{h_i d_i}{k} = 0,027 Re^{0,8} Pr^{0,333} \Phi_i$

$Nu_i = \dfrac{h_i d_i}{k}$ = 405,30 xΦ_i

Coeficiente h_i (Ec. 4.11)

$$\frac{h_i}{\phi_i} = \frac{405,30 \times 0,0719}{0,1616} = 180,32$$

$$\frac{h_{io}}{\phi_i} = \frac{h_i}{\phi_i} \times \frac{d_i}{d_o} = 180,32 \times \frac{1,939}{2,375} = 147,22$$

Temperatura de pared, t_w (Ec 4.19)

$$t_w = T_b - \frac{h_{io}/\Phi_i}{h_{io}/\Phi_i + h_o/\Phi_o}(T_b - t_b)$$

$$t_w = 350 - \frac{147,22}{287,99 + 147,22}(350 - 277,5) = 325,5$$

Viscosidad a temperatura de la pared: 325,5 °F (Tabla A.6.2)

μ_o = 1,217 lb/hr-pie μ_i = 2,684 lb/hr-pie

$\Phi_o = (\mu/\mu_w)^{0.14}$ $\Phi_i = (\mu/\mu_w)^{0.14}$

$\quad$ =$(1,001/1,217)^{0,14}$=0,97   = $(3,926/2,684)^{0,14}$=1,05

Coeficiente loca h_o Coeficente local h_{io}
$h_0 = \dfrac{h_o}{\phi_o} \times \phi_o = 287,99 \times 0,97 = 279,35$ $h_{io} = \dfrac{h_{io}}{\phi_i} \times \phi_i = 147,22 \times 1,05 = 154,58$

f) Coeficiente global de transferencia de calor U_C. (Ec. 4.22).

$$U_C = \frac{h_{io} \times h_o}{h_{io} + h_o} = \frac{154,58 \times 279,35}{154,58 + 279,35} = 99,51 \quad \text{Btu/hr-pie}^2\text{-}°\text{F}$$

g) Coeficiente global de diseño, U_D. (Ec. 4.23).

$$U_D = \frac{U_C}{1 + U_C R_D} = \frac{99,51}{1 + 99,51 \times 0,006} = 62,31 \quad \text{Btu/hr-pie}^2\text{-}°\text{F}$$

h) Área de transferencia de calor, A. (Ec. 4.6.)

$$A = \frac{Q}{U_D \Delta T_{cc}} = \frac{609.600}{62,31 \times 70,11} = 139,5 \approx 140 \text{ pie}^2$$

i) Longitud de tubos total requerida,

L = A / (π*do)= 140/(3,1416x0,1979)= 225 pie.

j) Número de horquillas con tramos de 20 pie, es decir 40 pie por horquilla.,

Número de Horquillas en serie = L/40 = 225/40 = 5,6≈6

Se conectarán en serie 6 horquillas en arreglo 3 x 2 x 20. La nueva Área de transferencia será = 150 pie^2, el nuevo U_D es igual a 57,96 y el R_D igual a 0,007, mayor que el requerido. Por lo que se puede cerrar el diseño térmico.

k) Caída de presión.

k-1) En el anillo (Hidrocarburo 35 °API)

Diámetro equivalente (Eq. 4.21)
De=Di–do = 0,24166-0,1979= 0,04376 pie

$$Re = \frac{G_A De}{\mu} = \frac{662.251,65 \times 0,04376}{1,001} = 28.951$$

Factor de fricción (Ec. 4.29.b).

$$f = 0,0035 + \frac{0,264}{28.951^{0,42}} = 0,003879$$

Caída de presión (Ec 4.30)

$$\Delta P_A = \frac{fG_A^2 L}{3,01 \times 10^{10} \rho D_e} = \frac{0,003879 \times 662.251,65^2 \times 240}{3,01 \times 10^{10} \times 45,62 \times 0,04376} = 6,79 \text{psi}$$

Por conexión entre anillos (Ec. 4.31)

$$\Delta P_{Te} = \frac{\rho v^2}{9.273,6} \text{ psi/Horquilla}$$

Velocidad $v = G_A/(\rho \times 3600)$

$(662.251,65/(3600 \times 45,62) = 4$ pie/seg

$$\Delta P_{Te} = \frac{45,62 \times 4^2}{9.273,6} \times 6 = 0,47 \text{psi}$$

Caída total en el anillo = 6,79+0,47 = 7,26 psi

k-2) En el tubo (Hidrocarburo 30 °API)

Diámetro interior del tubo

$d_i = 0,1616$ pie

$$Re = \frac{G_T di}{\mu} = \frac{975.134 \times 0,1616}{3,926} = 40.138$$

Factor de fricción (Ec. 4.29).

$$f = 0,0035 + \frac{0,264}{40.138^{0,42}} = 0,00650$$

Caída de presión (E. 4.27)

$$\Delta P_T = \frac{fG_T^2 L}{3,01 \times 10^{10} \rho d_i} = \frac{0,0065 \times 975.134^2 \times 240}{3,01 \times 10^{10} \times 49,12 \times 0,1616} = 6,2 \text{psi}$$

Caída total de presión:

En el anillo 7,26 psi.   En en el tubo 6,2 psi

En ambos casos no se alcanza la caída de presión permitida de 10 psi.

En la Tabla 4.2 se muestra el resumen de los resultados y en la Tabla 4.3 la Hoja de Datos del Intercambiador.

Tabla 4.2. Resultados Ejemplo 4.5. Diseño térmico de un intercambiador de Doble Tubo.			
Carga Térmica	Q	Btu/hr	609.600
Área Requerida	Área	pie^2	150
Dif. de Temperatura	ΔTe	°F	70,11
Coeficiente Global	U_D	Btu/hr-pie-°F	61,54
Coeficiente Global	U_C	Btu/hr-pie-°F	97,56
Factor Suciedad	R_D	hr-pie^2-°F/Btu	0,006
Coefi Local Externo	h_o	Btu/hr-pie^2-°F	273,59
Coefi Local Interno	h_{io}	Btu/hr-pie^2-°F	151,63
Caida de presión anillo	ΔP_A	psi	7.26
Caida de presión tubo	ΔP_T	psi	6,2

Evaluación para mantenimiento. Un intercambiador en operación puede perder eficiencia térmica como producto del incremento de la resistencia R_D, por la acumulación progresiva de sucio en ambos lados de la pared del tubo, que se refleja en variaciones de las temperaturas de salida de ambas corrientes. En estos casos, hay que estar muy seguros de la veracidad de las lecturas de los datos de campo ya que una des calibración de instrumentos puede darnos lecturas erróneas. Un procedimiento de cálculo es el siguiente:

a) Localizar datos de diseño y operacionales.
b) Calcular la carga térmica actual Q, con la Ec. 4.2, o 4.3.
c) Calcular la diferencia efectiva de temperatura actual ΔT_e con la Ec. 4.24.
d) Calcular los coeficientes locales h_{io} y h_o, con la Ec. 4.10 ó 4.11, o con la Fig. A.1; si se trata de agua, usar la Ec. 4.12 o la Fig. A.2.
e) Calcular el coeficiente global limpio U_C, Ec. 4.22.
f) Calcular el Área de Transferencia instalada con la Ec. 4.5.
g) Calcular el coeficiente global actual, Ec.4.1
h) Calcular el factor de ensuciamiento $R_D = 1/U_{Dop} - 1/U_C$..
i) Si R_D calculado en h) es >=al requerido recomdar sacarlo de servicio, si no puede continuar operando.
j) Calcular la caída de presión.y comparar con lamínima requerida.
k) Basta que una de las dos condiciones no se cumpla para recomendar sacarlo de servicio.

Tabla 4.3. Hoja de Datos de intercambiador de Doble Tubo (Ejemplo 4.5)			
Cliente: GPO C.A.		Proyecto No. GPO-6-1	
Dirección: Puerto La Cruz		Ref No.	
Localización: Puerto la Cruz		Fecha:	01/01/06
Servicio : Precalentador de hidrocarburo de 30°API		Identificación: E-A01	
Tipo : Doble Tubo Contracorriente en Serie		Posición	Horizontal
No Horquillas :6	Area/Horquilla (pie^2) : 25	Area Total (pie^2): 150	
Información de Procesos			
		Lado Anillo	Lado tubo
Fluido		Hidrocarb 35 °API	Hidrocarb. 30 ° API
Flujo lb/hr		10.000	20.000
Vapor		0	0
Líquido		10.000	20.000
Vapor de agua		0	0
Gas no condensable		0	0
Peso Molecular lb/lbmol			
Densidad lb/pie3		45,02	46,86
Viscosidad lb/hr-pie		1,001	3,926
Conductividad térmica Btu/hr-pie^2-°F		0,0726	0,0719
Capacidad calorífica Btu/lb-°F		0,6096	0,55814
Calor latente Btu/lb		----------	------
Temperatura entrada °F		400	250
Temperatura de salida °F		300	305
Presión de operación psi		140	140
Pasos por intercambiador		1	1
Caída de presión permitida psi		10/7,26	10/6,2
Factor Ensuciamiento hr-pie2-°F/Btu		0,003	0,003
Q Btu/hr	609.600	MLDT °F	70,11	F$_T$	1
U$_C$Btu/hr-pie2°F	97,56	U$_D$	61,54	R$_D$	0,005
Información Mecánica			
Presión de diseño / Prueba psi		140	210
Temperatura de diseño °F		400	400
Material		Acero al Carbón	Acero al Carbón
Longitud pie		20	20
Diámetro interior plg		2,9	1,939
Diámetro exterior plg		3,5	2,375
Horquillas: 6	3x2x20 Sch 80	En Serie: 6	En paralelo: 0
Comentarios	Completar información Mecánica		

Ejemplo 4.6. Evaluación de un enfriador. Un intercambiador doble tubo fue diseñado para precalentar 20.000 lb/hr de un hidrocarburo de 30°API, desde 250°F hasta 305 °F, con 10.000 lb/hr de un hidrocarburo de 35°API que entra a 400°F y sale a 300°F. El factor de ensuciamiento considerado fue igual a 0,006 hr-pie^2-°F/Btu, y consta de 6 horquillas con tramos 3 x 2 x 20, norma 80, conectadas en serie, con el tubo externo de diámetros exterior D_o = 3,5 plg, e interior D_i = 2,90 plg y el tubo interno con diámetros exterior e interior do = 2,375 plg y di = 1,939 plg respectivamente Si después de cierto tiempo de operación el hidrocarburo de 35 °API sale a 305°F, evalúe el intercambiador y determine si es necesario someterlo a mantenimiento.

Solución.

a) Datos de proceso.

Variable	Unidad	Hidrocarburo 35 °API	Hidrocarburo 30 °API
Flujo	lb/hr	10.000	20.000
Temp. entrada	°F	400	250
Temp. Salida	°F	305	282 (Calculada)
Factor RD	hr-pie^2-°F/Btu	0.006	

*b) **Balance de Calor. (Ec 4.3).***

Temperatura promedio del destilado T_b = (400+305)/2 = 352,5°F.

C_P = 0,4168 Btu/lb/°F. (Correlaciones Tabla A.6.2)

$Q = M\ C_P\ (T_1 - T_2)$ = 10.000 x 0,4168 x (400- 305) = 395.960 Btu/hr.

Temperatura de salida del hidrocarburo 30 °API.

$t_2 = t_1 + Q/(m\ c_P)$ = 250 + 395.960/(20.000xc_P)

$c_P(t,°API) = 5{,}51 \times 10^{-4}\ t + 2{,}23 \times 10^{-3}\ (°API) + 0{,}3387$

Con la solución simultánea de las dos ecuaciones anteriores se obtiene:

t_2 = 286 °F con un c_P promedio de 0,549 Btu/lb-°

Temperatura promedio del petróleo,

t_b = (286+ 250)/2 = 268°F

c) Diferencia efectiva de temperatura (Eq. 4.24).

Por tratarse de un doble tubo en serie y en contracorriente, se aplica la Ec. 4.24.

$$\Delta T_{CC} = MLDT_{CC} = \frac{(T_1 - t_2) - (T_2 - t_1)}{Ln\left[\dfrac{T_1 - t_2}{T_2 - t_1}\right]} = \frac{(400 - 286) - (305 - 250)}{Ln\left[\dfrac{400 - 286}{305 - 250}\right]} = 80,95°F$$

d) Coeficientes individuales de transferencia de calor.(Eq. 4.11).

d-1) Coeficiente h_o en el anillo (Hidrocarburo 35 °API)

Diámetros de anillo.

Di = 2.90/12 = 0,24166 pie
Do = 3,50/12 = 0,29166 pie
Diámetro equivalente (Eq. 4.19)

$$D_e = \frac{(D_i^2 - d_o^2)}{d_o} = 0,09719 \quad \text{pie}$$

Área de flujo (Ec.4.17).

$$A_{FA} = \frac{\pi}{4}(D_i^2 \quad d_o^2) = 0,01510 \text{ pie}^2$$

Flujo G_A = M / A_{FA} =10.000/0,01510 =662.251,65 lb/hr-pie^2

Propiedades a temperatura promedio T_b = 352,5°F (Tabla A.6.2)

Viscosidad µ, 0,9806 lb/pie-hr
Densidad ρ,   45,56 lb/pie^3
Conductividad k, 0,0813 Btu/hr-pie-°F
Capacidad Calorífica, C_P 0,4168 Btu/lb -°F

Módulo de Reunold, Re = $G_A D_e/\mu_o$=662.251x0,09719/0,9806=65.637

Módulo de Prnadlt, Pr=µC_P/k=0,9806x0,4168/0,0813=5,02

Módulo de Nusselt, $Nu_o = \frac{h_o D_e}{k}$ = 0,027 x Re^{0,8} x Pr^{0,333}xΦ_o

$Nu_o = \frac{h_o D_e}{k}$ =330,1xΦ_o

$$\frac{h_0}{\phi_o} = \frac{330,1 \times 0,0813}{0,097190} = 276,08 \text{ Btu/hr-pie}^2\text{-°F}$$

d-2) Coeficiente h_{io} dentro del tubo (Hidrocarburo 35 °API)

Diámteros de tubo.

di = 1,939/12 = 0,1616 pie
do = 2,375/12 = 0,1979 pie

Área de flujo

A_{FT} = πdixd$_i^2$/4 = 0,02051pie^2

Flujo G_T = m / A_{FT} = 20.000/0,02051=975.134lb/r-pie^2

Propiedades a la temperatura promedio t_b = 268°F.(Tabla A.6.2)

Viscosidad μ, 4,2248 lb/pie-hr
Densidad ρ, 49,37 lb/pie^3
Conductividad k, 0,0788 Btu/hr-pie-°F
Capacidad Calorífica C_P, 0,5499 Btu/lb -°F

Módulo de reynold, Re = $G_T$xd$_i$/ μ$_i$ = 975.134x0,1616/ 4,2248= 37.299

Módulo de Prandlt, Pr = 4,2248x0,5499/0,0788= 29,48

Módulo de Nusselt, $Nu_i = \dfrac{h_i d_i}{k}$ =0,027 x Re^{0,8} x Pr^{0,333} xΦ$_i$

$Nu_i = \dfrac{h_i d_i}{k}$ = 378,54 xΦ$_i$

$$\frac{h_i}{\phi_i} = \frac{378,54x0,0788}{0,1616} = 184,56 \text{ Btu/hr-pie}^2\text{-°F}$$

$$\frac{h_{io}}{\phi_i} = \frac{h_i}{\phi_i} x \frac{d_i}{d_o} = 184,56x\frac{1,939}{2,375} = 150,68$$

Temperatura de pared, t_w (Ec 4.19)

$$t_w = T_b - \frac{h_{io}/\Phi_i}{h_{io}/\Phi_i + h_o/\Phi_o}(T_b - t_b) = 350 - \frac{150,68}{276,08+150,70}(T_b - t_b) = 320°F$$

A 320 °F, μ$_o$ = 1,27 lb/hr-pie   A 320 °F, μ$_i$ = 2,80 lb/hr-pie

$\Phi_o = (\mu/\mu_w)^{0,14} = (0,9806/1,3)^{0,14} = 0,96$ $\Phi_i = (\mu/\mu_w)^{0,14} = (4,2248/2,8)^{0,14} = 1,06$

Coeficiente local h_o Coeficiente local h_{io}

$$h_0 = \frac{h_o}{\phi_o} \times \phi_o = 276,08 \times 0,96 = 265$$ $$h_{io} = \frac{h_{io}}{\phi_i} \times \phi_i = 150,68 \times 1,06 = 159,72$$

e) Coeficiente global de transferencia de calor U_C. (Ec. 4.22).

$$U_C = \frac{h_{io} \times h_o}{h_{io} + h_o} = \frac{159,72 \times 265}{159,72 + 265} = 99,66 \qquad \text{Btu/hr-pie2-°F}$$

f) Área de transferencia de calor instalada.

En base a las seis (6) horquillas instaladas y a longitud de cada tramo, la longitud total efectiva para transferencia de calor es de 240 pie (6x40) y el área será de $3,1416 \times d_0 \times L = 3,1416 \times 0,1979 \times 240 = 149,20$ pie^2.

g) Coeficiente global de diseño, U_D. (Ec. 4.1).

$$U_D = \frac{Q}{A \times \Delta T_e} = \frac{395.960}{149,2 \times 80,95} = 32,75 \text{ Btu/hr-pie}^2\text{-°F}$$

Para ilustar la magnitud del impacto del valor de $U_D = 32,75$, en este punto es razonable estimar cual sería el área requerida para que el intercambiador transfiera la carga de calor de diseño, Q= 609.600 Btu/hr con la MLDT de diseño, 79,11 °F.

$$A_{Req} = \frac{Q}{U_D \Delta T_{cc}} = \frac{609.600}{32,75 \times 70,11} = 265,5 \text{ pie}^2$$

Como se observa, el proceso requiere que el intercambiador tenga un área adicional de 116,3 pie^2 equivalente a un 78% del área instalada.

h) Factor de ensuciamiento Rd en operación.

$$R_D = \frac{1}{U_D} - \frac{1}{U_C} = \frac{U_C - U_D}{U_C U_D} = \frac{99,66 - 32,75}{99,66 \times 32,75} = 0,021 \text{ hr-pie}^2\text{-°F/Btu}$$

i) Comparar valores de R_D.

El R_D calculado, 0,021 es mayor que R_D de diseño, 0,006 por lo que se considera que el intercambiador se ha ensuciado y ha perdido eficiencia, y es necesario someterlo a mantenimiiento.

j) Cálculo de la caída de presión.

j-1) En el anillo (Hidrocarburo 35 °API)

Diámetro equivalente (Eq. 21)
De=Di–do=0,24166-0,1979
De=0,04376 pie

$$Re = \frac{G_A D_e}{\mu} = \frac{662.251,65 \times 0,04376}{0,9806} = 29.553,46$$

Factor de fricción (Ec. 4.28)

$$f = 0,0035 + \frac{0,264}{29.553,46^{0,42}} = 0,0069$$

Por fircción en en el anillo (Ec.4.30)

$$\Delta P_A = \frac{f G_A^2 L}{3,01 \times 10^{10} \rho D_e}$$

$$\Delta P_A = \frac{0,0069 \times 662.251,65^2 \times 240}{3,01 \times 10^{10} 45,56 \times 0,04376} = 12,1 psi$$

Por conexión entre anillos (Ec. 4.31)

$$\Delta P_{Te} = \frac{\rho v^2}{9.273,6} \ psi/Horquilla$$

Velocidad $v = G_A/(\rho \times 3600) = (662.251,65/(3600 \times 45,56) = 4$ pie/seg

$$\Delta P_{Te} = \frac{45,56 \times 4,04^2}{9.273,6} \times 6 = 0,47 psi$$

Caída total en anillo mas conexión entre anillos 12,57 psi

j-2) En el tubo (Hidrocarburo 30 °API)

Diámetro interior del tubo, di = 0,1616 pie

$$Re = \frac{G_T d_i}{\mu} = \frac{975.134 \times 0,1616}{4,22} = 37.341,62$$

Factor de fricción (Ec. 4.28)

$$f = 0,0035 + \frac{0,264}{37.341,62^{0,42}} = 0,0066$$

Caída depresión (Ec.4.27)

$$\Delta P_T = \frac{fG_T^2 L}{3,01x10^{10}\rho d_i}$$

$$\Delta P_T = \frac{fG_T^2 L}{3,01x10^{10}\rho d_i} = \frac{0,0066x975.134^2 x240}{3,01x10^{10}x49,37x0,1616} = 6,26psi$$

Caída total de presión:
En el Anillo = 12,57 psi   En el tubo= 6,26 psi

Por el lado de la coraza se supera la caída de presión permitida de 10 psi, por lo que se ratifica sacar de servicoo al intercambiador.

k) Como se observa, tanto R_D como la caída de presión superan los límites, por lo que se recomienda sacar de servicio al intercambiador. En la Tabla 4.4 se muestra el resumen de los resultados de la evaluación.

Tabla 4.4. Resultados Ejemplo 4.6. Evaluación de un intercambiador de Doble Tubo en servicio.			
Carga Térmica Diseño / Actual	Q	MBtu/hr	609,6 / 395,96
Área deTransferencia Diseño/Req. Actual	A	pie^2	149 / 265.5
Dif. de Temperatura Diseño/Actual	ΔTe	°F	70,11 / 80,95
Coeficiente Global Diseño/ Actual	U_D	Btu/hr-pie^2-°F	61,54 / 32,75
Factor de Suciedad Diseño/Actual	R_D	hr-pie^2-°F/Btu	0,006 / 0,021
Caida de presión anillo Max. Permitida Calculada en diseño Actual	ΔP_A	psi	10 7,26 12,57
Caida de presión tubo Máxima permitida Calculada en diseño Actual	ΔP_A	psi	10 6,2 6,2

Evaluación para incremento de carga. En muchas ocasiones, por requerimientos de ajustes operacionales, es necesario incrementar la carga a un intercambiador de calor en servicio y antes de proceder se deben evaluar sus factores térmicos e hidráulicos para determinar si el área instalada es capaz de manejar ese incremento y si la caída de presión, no sobrepasan los límites permitidos por el circuito hidráulico. Si una de estas dos condiciones no se cumplen, entonces se concluye que el intercambiador no podrá manejar el incremento de carga. Un procedimiento para esta evaluación es el siguiente:

a) Localizar la hoja de datos de diseño del intercambiador y la información de los incrementos en las variables de operación.
b) Calcular la nueva carga térmica Q, con la Ec. 4.3.
c) Calcular la nueva diferencia efectiva de temperatura I ΔT_e con la Ec. 24.
d) Calcular los nuevos coeficientes h_{io} y h_o, con la Ec. 4.10 o 4.11, o con la Fig. A.1; si se trata de agua, usar la Ec. 4.12 o la Fig. A.2.
e) Calcular el coeficiente global limpio U_C, con la Ec. 4.22.
f) Calcular el nuevo coeficiente global $1/U_D = 1/U_C + R_D$. Ec. 4.23
g) Calcular el área de transferencia requerida $A = Q/(U_D \ \Delta T_e)$.
h) Si el área requerida calculada en g) es menor o igual a la instalada, entonces térmicamente el intercambiador sí podrá manejar el incremento de carga.
i) Calcular la caída de presión en ambos fluidos, con las Ec. 4.27 para el tubo y la Ec. 4.30 y 4.31 para el anillo. Si una de las dos caídas es mayor que las permitidas, el intercambiador no podrá manejar el incremento de carga.

Ejemplo 4.7. Evaluar el incremento de carga a un intercambiador de Doble Tubo, que opera normalmente precalentando una corriente de 20.000 lb/hr de un hidrocarburo de 30°API, que se calienta desde 250°F hasta 305 °F con una corriente de 10.000 lb/hr de un hidrocarburo de 35°API, que se enfría de 400°F hasta 300°F. La caída de presión máxima permitida en el intercambiador es de 10 psi y el factor de ensuciamiento considerado para este servicio es de 0,006 hr-pie^2-°F/Btu. El intercambiador opera en serie y contracorriente y consta de 6 horquillas con tramos 3x2x20, norma 80, conectadas en serie, con el tubo externo de diámetros exterior D_o = 3,5 plg, e interior D_i = 2,90 plg y el tubo interno con diámetros exterior e interior d_o = 2,375 plg y d_i = 1,939 plg respectivamente. Podrá este intercambiador soportar un incremento de 10.000 lb/hr en la corriente del hidrocarburo de 30 °API y 5.000 lb/hr en el hidrocarburo de 35 °API?

Solución.

a) Información de proceso

Variable	Unidad	Hidrocarburo 35 °API	Hidrocarburo 30 °API
Flujo	lb/hr	15.000	30.000
Temp. entrada	°F	400	250
Temp. Salida	°F	300	305 (calculada)
Factor R_D	hr-pie^2-°F/Btu	0.006	

b) Balance de Calor. (Ec 4.3).

Temperatura promedio del hidrocarburo 35 °API T_b = (400+300)/2 = 350°F.

Capacidad calorífica, C_P = 0,6096 Btu/lb/°F. (Correlaciones Tabla A.6.2)

$$Q = M\ C_P\ (T_1 - T_2) = 15.000 \times 0,6096 \times (400 - 300) = 914.400\ Btu/hr.$$

Temperatura de salida del hidrocarburo 30 °API:

$$t_2 = t_1 + Q/(m\ c_P) = 250 + 914.400/(20.000 x c_P) = 305°F$$

$$c_P(t,°API) = 5,51 \times 10^{-4}\ t + 2,23 \times 10^{-3}\ (°API) + 0,3387$$

Con la solución simultánea de las dos ecuaciones anteriores se obtiene:

$$t_2 = 305\ °F\ con\ un\ c_P\ promedio\ de\ 0,55418\ Btu/lb-°F$$

Temperatura promedio del hidrocarburo 30 °API,

$$t_b = (305 + 250)/2 = 277,5°F$$

c) Diferencia efectiva de temperatura (Eq. 4.24).

Por tratarse de un doble tubo en serie y en contracorriente, se aplica la Ec. 4.24

$$\Delta T_{CC} = MLDT_{CC} = \frac{(T_1 - t_2) - (T_2 - t_1)}{Ln\left[\dfrac{T_1 - t_2}{T_2 - t_1}\right]} = \frac{(400 - 305) - (300 - 250)}{Ln\left[\dfrac{400 - 305}{300 - 250}\right]} = 70,11° F$$

d) Coeficientes individuales de transferencia de calor.(Eq. 4.11).

d-1) Coeficiente h_o en el anillo (Hidrocarburo 35 °API)

D_i = 2,9/12 = 0,24166 pie
D_o = 3,500/12 = 0,2117 pie

Diámetro equivalente (Eq.4.19)
$$D_e = \frac{(D_i^2 - d_o^2)}{d_o} = 0,09719 pie$$

Área de flujo (Ec.4.17).
$$A_{FA} = \frac{\pi}{4}(D_i^2 \quad d_o^2) = 0,01510 pie^2$$

Flujo G_A = M / A_{FA} en lb/hr-pie^2

G_A = 15.000 / 0,01510 = 993.377,5

Propiedades de los fluidos a temperatura promedio T_b (Tabla A-6.2).

T_b = (400+ 300)/2 = 350 °F
Viscosidad, 1,001 lb/pie-hr
Densidad,   45,62 lb/pie^3
Conductividad, 0,0726 Btu/hr-pie-°F
C_P, 0,6096 Btu/lb -°F

Re = $G_A De/\mu$= 993.377,5x0,09719/1,001= 96.445

Pr=$\mu C_P/k$ = 1,001x0,6096/0,0726=8,40

$$Nu_o = \frac{h_o D_e}{k} = 0,027 Re^{0,8} \ Pr^{0,333} \Phi_o$$

$$Nu_o = \frac{h_o D_e}{k} = 532,7 x \Phi_o$$

$$\frac{h_0}{\phi_o} = \frac{532,7 x 0,0726}{0,09719} = 397,9 Btu/hr-pie^2-°F$$

d-2) Coficiene h_{io} dentro del tubo (Hifrocarburo 30 °API)

Diámteros del tubo.
d_i = 1,939/12 = 0,1616 pie
Diámetro equivalente (Eq. 4.19)

Área de flujo
$$A_{FT} = \pi d_i^2 / 4 = 0,0205 1 pie^2$$

Flujo G_T = m / A_{FT} lb/r-pie^2

G_T=30.000/0,02051=1.462.701

Propiedades de los fluidos a temperatura promedio t_b (Tabla A-6.2).

t_b = (250+305)/2= 277,5 °F
Viscosidad μ, 3,9262 lb/pie-hr
Densidad ρ,   49,12 lb/pie^3
Conductividad k; , 0,0719 Btu/hr-pie-°F
Capacidad Calorífica C_P, 0,55418 Btu/lb -°F

$Re = G_T \times di / \mu = 1.426.701 \times 0{,}1616 / 3{,}926 = 58.725$

$Pr = 3{,}926 \times 0{,}55418 / 0{,}0719 = 30{,}26$

$Nu_i = \dfrac{h_i d_i}{k} = 0{,}027\, Re^{0,8}\, Pr^{0,333}\, \Phi_i$

$Nu_i = \dfrac{h_i d_i}{k} = 550{,}27 \times \Phi_i$

$\dfrac{h_i}{\phi_i} = \dfrac{550{,}3 \times 0{,}0719}{0{,}1616} = 244{,}83\, \text{Btu/hr-pie}^2\,{}^\circ\text{F}$

$\dfrac{h_{io}}{\phi_i} = \dfrac{h_i}{\phi_i} \times \dfrac{d_i}{d_o} = 244{,}83 \times \dfrac{1{,}939}{2{,}375} = 199{,}88$

Temperatura de pared, t_w (Ec 4.19)

$t_w = T_b - \dfrac{h_{io}/\Phi_i}{h_{io}/\Phi_i + h_o/\Phi_o}(T_b - t_b) = 350 - \dfrac{199{,}9}{199{,}9 + 397{,}9}(350 - 277{,}5) = 326\,{}^\circ\text{F}$

A 326 °F, $\mu_o = 1{,}213$ lb/hr-pie $\qquad$ A 326 °F, $\mu_i = 2{,}673$ lb/hr-pie

$\Phi_o = (\mu/\mu_w)^{0,14} = (1{,}001/1{,}213)^{0,14} = 0{,}97$ $\qquad$ $\Phi_i = (\mu/\mu_w)^{0,14}$ $(3{,}9262/2{,}673)^{0,14} = 1{,}067$

$h_0 = \dfrac{h_o}{\phi_o} \times \phi_o = 397{,}9 \times 0{,}97 = 386$ $\qquad$ $h_{io} = \dfrac{h_{io}}{\phi_i} \times \phi_i = 199{,}88 \times 1{,}067 = 213$

e) Coeficiente global de transferencia de calor U_C. (Ec. 4.22).

$$U_C = \dfrac{h_{io} \times h_o}{h_{io} + h_o} = \dfrac{213 \times 386}{213 + 386} = 137{,}26 \quad \text{Btu/hr-pie2-}{}^\circ\text{F}$$

f) Coeficiente global de diseño, U_D. (Ec. 4.1).

$$U_D = \dfrac{Uc}{1 + U_C R_D} = \dfrac{137{,}26}{1 + 137{,}26 \times 0{,}006} = 75{,}27 \quad \text{Btu/hr-pie}^2\text{-}{}^\circ\text{F}$$

g) Área de transferencia de calor requerida para el incremento de carga (Ec.4.6.)

$$A = \dfrac{Q}{U_D \Delta T_e} = \dfrac{914.400}{75{,}27 \times 70{,}11} = 173 \quad \text{pie}^2$$

h) Área de transferencia de calor instalada, (Ec. 4.5)

$$A = \pi d_o L = \pi x 0,1979 x 2 x 20 x 6 = 149,26 \text{pie}^2$$

Como el área requerida por el incremento es mayor que el área instalada, este intercambiador no será capaz de absorber el incrementode carga.

i) Caída de presión.

j-1) En el anillo (Hidrocarburo 35 °API)

Diámetro equivalente (Eq. 4.19)

De=D_i–d_o=0,24166-0,1979=0,0437 pie

$$Re = \frac{993.377,5 x 0,04376}{1,001} = 43.426$$

Factor de fricción (Ec. 4.28).

$$f = 0,0035 + \frac{0,264}{43.426^{0,42}} = 0,0064$$

Caídas de presión (Ec. 4.30)

$$\Delta P_A = \frac{fG_A^2 L}{3,01 x 10^{10} \rho D_e} = \frac{0,0064 x 993.377,5^2 x 240}{3,01 x 10^{10} 45,62 x 0,04376} = 25,22 \text{ psi}$$

Por conexión entre anillos (Ec. 4.31)

$$\Delta P_{Te} = \frac{\rho v^2}{9.273,6} \text{ psi/Horquilla}$$

Velocidad $v = G_A/(\rho x 3600) = (993.377,5/(3600 x 45,62) = 6$ pie/seg

$$\Delta P_{Te} = \frac{45,62 x 6^2}{9.273,6} x 6 = 1,06 \text{psi}$$

Caida total en el anillo 25,22 + 1,06 = 26,3 psi

j-2) En el tubo. (Hidrocarburo 30 °API)

Diámetro interior

d_i = 0,1616 pie

$$Re = \frac{1.462.701 \times 0,1616}{3,926} = 60.206,94$$

Factor de fricción (Ec. 4.28).

$$f = 0,0035 + \frac{0,264}{60.206,94^{0,42}} = 0,0061$$

Caídas de presión en el tubo (Ec. 4.27)

$$\Delta P_T = \frac{fG_T^2 L}{3,01 \times 10^{10}\,\rho d_i} = \frac{0,0061 \times 1.462.701^2 \times 240}{3,01 \times 10^{10} \times 49,12 \times 0,1616} = 13,11 \quad psi$$

Caida total de ´presión en el intercambiador:

En el anillo 26,3 psi y en el Tubo 13,1 psi.
En ambos casos la caída de presión es mayor que la permitida de 10 psi, y se corrobora que el intercambiador no puede soportar el incremento de carga. En la Tabla 4.5 se muestra el resumen de los resultados de la evaluación.

Tabla 4.5. Resultados Ejemplo 4.7.			
Evaluación de un intercambador Doble Tubo para incremento de carga			
Carga Térmica Diseño/Incremento	Q	Btu/hr	609.600 / 914.400
Área de Transferencia Diseño /Requerida	A	pie^2	149 / 173
Dif. de Temperatura Diseño/Requerida	ΔTe	°F	70,11 /7 0,11
Coeficiente Global Diseño/Requerida	U$_D$	Btu/hr-pie-°F	61,54 / 75,27
Factor Suciedad Diseño	R$_D$	hr-pie^2-°F/Btu	0,006
Caída de presión anillo Diseño / Incremento	ΔP$_A$	psi	7,26 / 26,3
Caída de presión tubo Diseño / Incremento	ΔP$_A$	psi	6,2 / 13,1

5. INTERCAMBIADORES DE TUBOS Y CORAZA.

Los intercambiadores de tubos y coraza, son los más ampliamente utilizados en las plantas de procesos, fundamentalmente porque tienen tres ventajas claves sobre los intercambiadores de doble tubo: a) Permiten la utilización de grandes áreas de transferencia de calor, b) Requieren mucho menos espacio para su instalación, y c) Reducen al mínimo los puntos de potenciales fugas. En la sección siguiente se presenta la descripción de algunos intercambiadores de calor de Tubos y Coraza con el único propósito de identificar las partes que lo constituyen y que tienen que ser consideradas en los cálculos asociados al proceso. Se recomienda al lector consultar en Standards of Tubular Exchanger Manufacturers Association, Inc, TEMA[13] la variedad de arreglos y tipos de intercambiadores con sus detalles mecánicos y la nomenclatura definida para este tipo de intercambiadores de calor.

5.1. DESCRIPCIÓN.

Estos intercambiadores consisten de un conjunto de tubos que siguen un arreglo determinado, identificados como haz tubular, colocados dentro de otro tubo de diámetro mayor, identificado como coraza, concha, carcasa o camisa. El haz tubular inserta sus extremos, también conocidos como cabezal de tubos, en una placa, que le sirve de apoyo. Cuando ambos cabezales están soldados a la periferia interior de la coraza, se le conoce como cabezal fijo, Fig. 5.1, y cuando uno de ellos no está soldado a la coraza, sino que está cubierto con una tapa cóncava que y se sumerge en el fluido de la coraza, se le conoce como cabezal flotante, Fig. 5.2. En ambos casos, el objetivo es evitar el contacto físico entre ambos fluidos. Adicionalmente, se instalan unas placas deflectoras circulares, a través de las cuales pasan los tubos, con la finalidad de sostenerlos y mantenerlos completamente rectos y evitar que por el peso se doblen y hagan contacto entre si. A estas placas se les hace un corte superior o inferior, para dejar un espacio o ventana entre ellas y la curvatura interior de la coraza, para permitir el paso del fluido.

La Fig. 5.1 muestra un intercambiador de cabezal fijo y la Fig. 5.2 uno de cabezal flotante; en ambos casos, el fluido de los tubos llena el canal de entrada, pasando luego al cabezal de los tubos donde se distribuye equitativamente entre ellos y fluye por su interior. El otro fluido, identificado como fluido de la coraza, entra y llena completamente el espacio disponible entre la superficie interior de la coraza y el haz tubular y fluye cubriendo totalmente a los tubos. Como producto de la diferencia de temperatura entre los fluidos, el calor se transfiere del fluido caliente hacia el fluido frío, a través de la pared de todos los tubos.

Desde el punto de vista mecánico, las partes principales de la estructura de un intercambiador de tubos y coraza, están bien definidas y clasificadas por la Asociación de Fabricantes de Intercambiadores Tubulares (Standars Tubular Exchanger Manufacturers Asociation, TEMA[13]) y son: a) La coraza, con sus boquillas de entrada y salida; b) El haz tubular; c) La placa de tubos, que evita el contacto entre los dos fluidos; d) Las tapa de los cabezales, con las boquillas de entrada y salida a los tubos; e) Las tapas de la coraza y f) Las placas deflectoras. Hay otras partes complementarias tales como las guías para alinear los deflectores, puntos de drenajes, ganchos para izar o mover las partes pesadas, tomas para instrumentos (manómetros y termómetros), empacaduras, pernos, etc. Los detalles para la construcción y ensamblaje de un intercambiador de tubos y coraza, pueden encontrarse en las referencias 3, 4, 6, 7, 8 y 13.

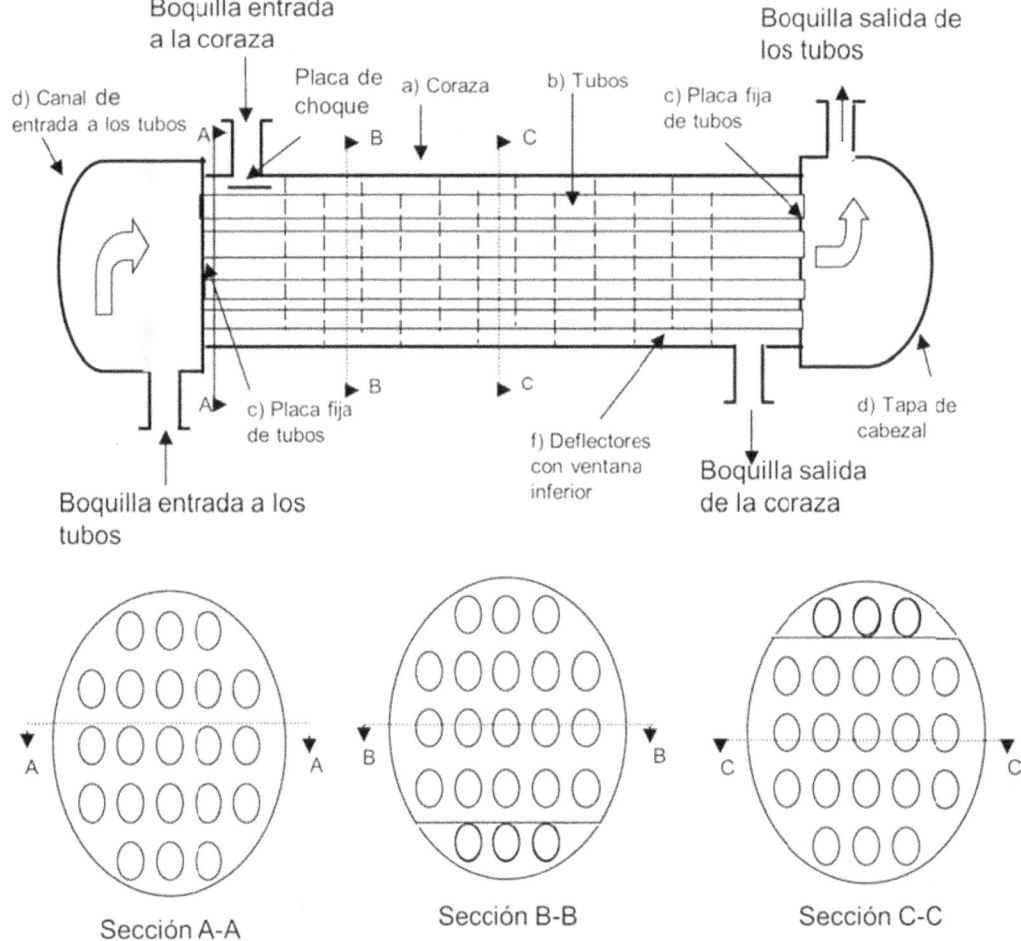

Fig. 5.1. Intercambiador de Tubos y Coraza, cabezal fijo

Disposición de flujos. Desde el punto de vista hidráulico y térmico, es de suma importancia la forma como los fluidos se mueven dentro del intercambiador. En la Fig. 5.1, el fluido de la coraza entra y sale del intercambiador haciendo un solo recorrido, o un solo paso por la coraza y el de los tubos también, por lo que al intercambiador se le identifica como de un paso por la coraza y un paso por los tubos, o sea, que se trata de un intercambiador 1 -1. Si observamos la Fig. 5.2, el fluido la coraza también hace un solo paso, mientras que por el lado de los tubos, la placa divisoria en el canal de entrada, obliga al fluido a entrar a la mitad de los tubos y la tapa del cabezal flotante lo obliga a retornar y salir por la otra mitad, haciendo así dos pasos antes de salir del intercambiador. En este caso, se tiene un intercambiador de un paso por la coraza y dos pasos por los tubos, o sea un intercambiador 1-2. La Fig. 5.3 muestra otro intercambiador 1-2, con los tubos en U, es decir que solamente hay una placa de tubos. En resumen, los intercambiadores de tubos y coraza se identifican como n-m, donde n es el número de pasos por la coraza y m el número de pasos por los tubos.

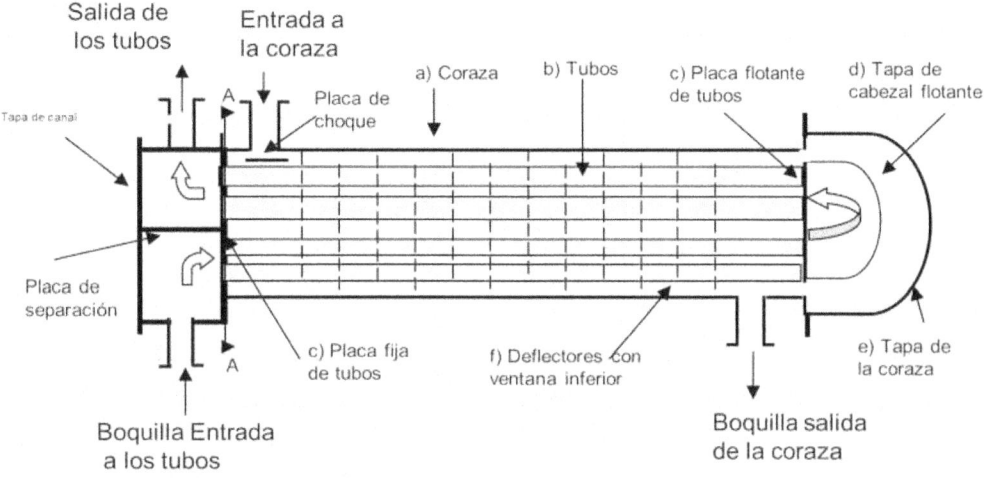

Fig. 5.2. Intercambiador de Tubos y Coraza 1-2, cabezal flotante

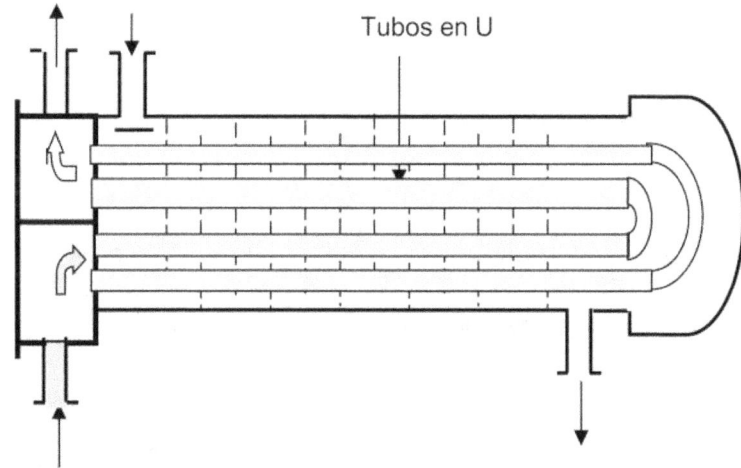

Fig. 5.3. Intercambiador de Tubos y Coraza con tubos en U

Coraza. Es la parte más sencilla del intercambiador, ya que consta de un tubo de longitud L y diámetros interno y externo D_{iC} y D_{oC} respectivamente, cuyo espesor debe ser capaz de soportar 1,5 veces la presión de operación y el material de construcción debe ser seleccionado en base la naturaleza del fluido al que estará expuesto. La Tabla A.1, muestra las características de los tubos de acero que están disponibles para la fabricación de corazas y se observa que se especifican con el diámetro nominal DN y el calibrador IPS (Iron Pipe Size) hasta 12 pulgadas; para diámetros superiores y hasta 24 pulgadas, se considera un espesor estándar de 3/8 de pulgadas. Cuando se requiera una coraza con diámetro superior a 24 pulgadas, entonces se especifica una lámina para su fabricación.

Si a cualquiera de los intercambiadores de las Fig. 5.1 o Fig. 5.2, se le instala una lámina deflectora horizontal dentro de la coraza, como se muestra en la Fig. 5.4, con uno de sus extremos soldada a la placa fija de tubos y con longitud que permita una ventana entre el otro extremo y la otra placa de tubos, se obliga al fluido de la coraza a hacer dos pasos antes de salir del intercambiador. Sin embargo, esto no es muy usual, ya que tiene ciertas dificultades de construcción y mantenimiento.

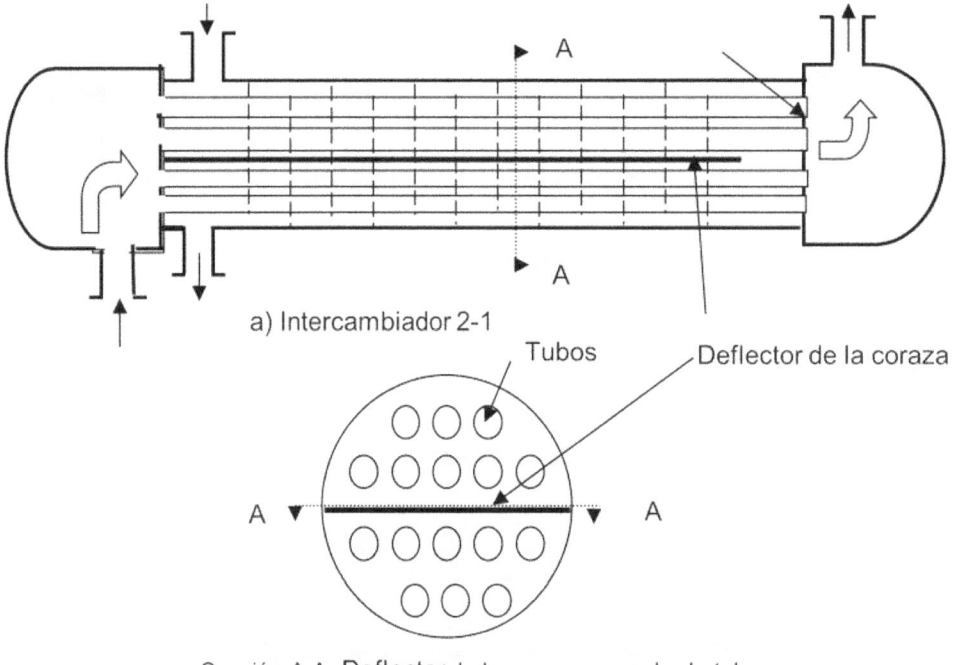

a) Intercambiador 2-1

Sección A-A- Deflector de la coraza y arreglo de tubos.

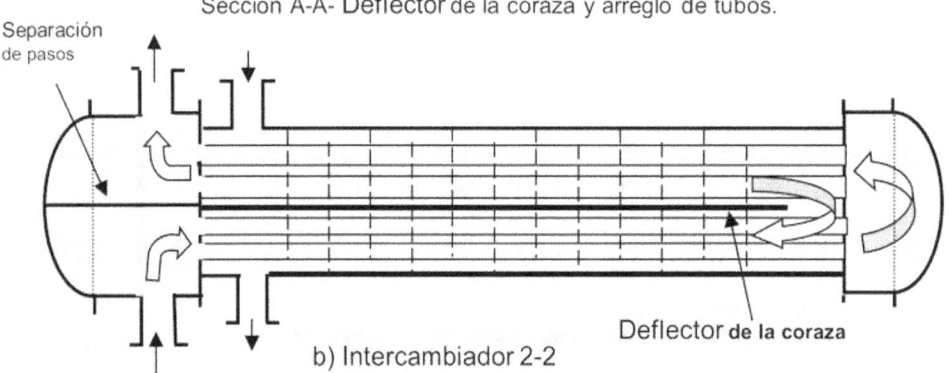

b) Intercambiador 2-2

Fig. 5.4. Intercambiador con deflectores en la coraza

Haz tubular. La Tabla A.2, muestra las características de los tubos especialmente fabricados para construir el haz tubular de los intercambiadores de calor, y no deben confundirse con otros tipos de tubos que se identifican con un diámetro nominal, que siempre es un valor entre el diámetro exterior y el interior. El diámetro exterior d_o reportado en la Tabla A.2, es el diámetro real del tubo y el diámetro interior d_i va a depender del calibrador BWG, que también define el espesor de la pared para soportar la presión de los fluidos dentro y fuera del tubo. Al igual que para la coraza, el haz de tubos debe ser fabricado con materiales capaces de resistir el ataque de los fluidos y entre los metales disponibles se encuentran acero, acero inoxidable, aluminio, bronce, cobre, aleaciones de aluminio y bronce, aluminio y aceros, cobre y níquel. De los tubos mostrados en la Tabla A.2, los más utilizados en intercambiadores son los de ¾ y 1 pulgada de diámetro exterior.

La construcción de un haz de tubos consiste en lo siguiente:
   a) Seleccionar el número, longitud y diámetros interior y exterior los tubos.
   b) Definir el tipo de arreglo para colocar los tubos.
   c) Definir el número y tipo de deflectores, y la separación entre ellos.
   d) Preparar las placas de tubos, cortando dos láminas circulares de diámetro ligeramente menor que el diámetro interior de la coraza y luego perforar tantos agujeros como tubos requiera, con el mismo arreglo que los tubos.
   e) Preparar los deflectores, cortando un número de láminas circulares igual al número de deflectores, dejándole su ventana inferior o superior. Cada deflector debe tener un número de agujeros acorde con el número de tubos.
   f) En una superficie plana colocar en posición vertical las placas de tubos separadas una distancia acorde con la longitud de los tubos.
   g) Entre las placas de tubos, colocar los deflectores, usando espaciadores para mantenerla separación seleccionada.
   h) Insertar los tubos por los agujeros de las placas y deflectores, de tal manera que sus extremos queden apoyados en cada placa de tubo.
   i) Si se trata de un cabezal fijo, sellar el espacio entre la pared externa del extremo del tubo y la pared de la placa. Para esto hay diferentes métodos mecánicos[4,12].
   j) Una vez construido el haz de tubos, se introduce dentro de la coraza y se continúa con el ensamblaje del intercambiador.

Arreglo de tubos. Los arreglos más comunes de los tubos se muestran en la Fig. 5.5, y se identifican según la figura geométrica que resulte al trazar líneas entre los centros de los tubos adyacentes; los más comunes son los arreglos cuadrado, triangular, cuadrado rotado y en rombo. Los parámetros claves en el arreglo de los tubos son: la separación entre los centros de dos tubos adyacentes, también conocida como Espaciado o "Pitch" identificada como P_T, y la separación entre bordes de dos tubos adyacentes, conocida como Claro e identificada como C, que también es igual a (P_T -d_o), donde d_o es el diámetro externo del tubo. Cuando se diseña un intercambiador, el tipo de arreglo se selecciona en base a la eficiencia térmica e hidráulica y a algunos aspectos de mantenimiento.

Desde el punto de vista térmico, el más eficiente será aquel que propicie un mayor coeficiente de transferencia de calor en el lado de la coraza y, se espera que esto ocurra con el que motive mayor turbulencia y a simple vista se observa, que el arreglo cuadrado es el que menor turbulencia produce. Desde el punto de vista hidráulico, el más eficiente será aquel que motive menor caída de presión y es precisamente el arreglo cuadrado el que cumple con esta condición. En lo relativo al mantenimiento, el arreglo más fácil de limpiar es el cuadrado y se utiliza cuando el fluido de la coraza tiene tendencia a depositar sucio en la superficie de los tubos. En consecuencia, dado que cada arreglo tiene ventajas y desventajas, la selección final va depender de un análisis y optimización del proceso, donde los aspectos térmicos e hidráulicos se combinan con el factor de experiencia asociada al proceso particular.

Por todas las consideraciones anteriores, es de suma importancia identificar muy bien la naturaleza, composición, condiciones de procesos y procedencia de los fluidos que van a intercambiar calor, con la finalidad de definir criterios y bases para la selección del arreglo del haz de tubos a utilizar.

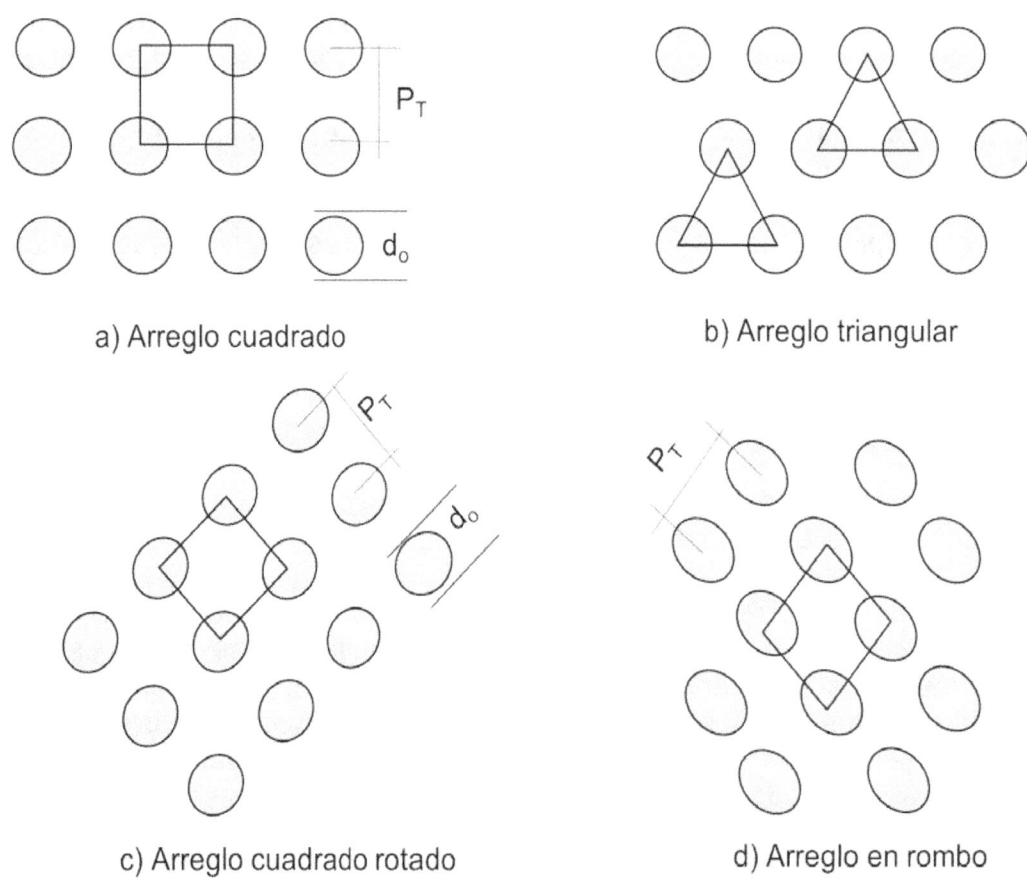

a) Arreglo cuadrado

b) Arreglo triangular

c) Arreglo cuadrado rotado

d) Arreglo en rombo

Fig. 5.5 Arreglos típicos en un banco de tubos

Deflectores. La Fig. 5.6 muestra tres tipos de deflectores, de los cuales el más utilizado es el segmentado, que consiste de una lámina circular originalmente con diámetro igual al diámetro interior de la coraza, con un número de perforaciones igual al número de tubos del haz tubular, a la cual se le ha cortado un pedazo con la finalidad de dejar un espacio o ventana entre ella y la curvatura inferior y superior de la coraza, para permitir el paso del fluido. Los deflectores se colocan uno a continuación del otro y se usan espaciadores, para separarlos una distancia B. Cuando el fluido entra a la coraza, el primer deflector lo obliga a fluir perpendicularmente al haz tubular hasta llegar a la ventana, por donde es obligado a fluir en dirección paralela, para luego continuar su recorrido ascendente y descendente dentro de la coraza cambiando de dirección hasta la salida. Estos cambios de dirección del fluido de la coraza, tienen efectos hidráulicos y térmicos. Hidráulicos, porque se introducen restricciones al flujo y en consecuencia se incrementa la caída de presión en el fluido de la coraza. Térmicos, por que producen turbulencia y como resultado se incrementa el coeficiente de transferencia de calor en el lado de la coraza. Como se observa, los deflectores favorecen la transferencia de calor y también incrementa la caída de presión, por lo que es necesario determinar el número óptimo de deflectores a instalar.

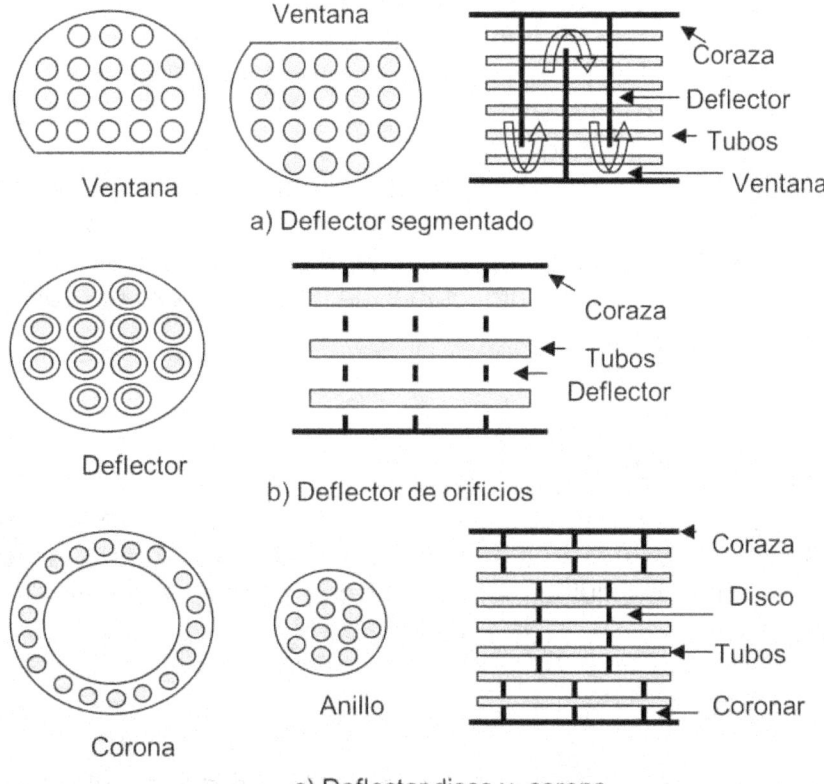

Fig. 5.6. Tipos de deflectores

En las prácticas de diseño de intercambiadores de calor de tubos y coraza, se ha establecido como criterio para seleccionar el número de deflectores, que la separación máxima permitida entre dos deflectores consecutivos sea igual a una distancia equivalente a un diámetro interior de la coraza, $B_{max} = D_{iC}$; y la separación mínima igual a una distancia equivalente a la quinta parte de un diámetro de la coraza, $B_{min}.= D_{iC}/5$. Por otro lado, el tamaño de la ventana del deflector se refiere a la altura entre la curvatura interior de la coraza y el corte hecho a la lámina y se ha establecido como un porcentaje del diámetro interior de la coraza, el cual está, normalmente, entre 20% y 25%. Sin embargo, en un diseño detallado este es un factor a determinar.

5.2. CÁLCULOS TÉRMICOS.

Como se indicó en el Capítulo 2, los intercambiadores se clasifican según el servicio que presten y en consecuencia, los cálculos térmicos a desarrollar también dependen de ese servicio. A continuación, se presenta la secuencia de cálculos térmicos para los intercambiadores de tubos y coraza identificados como intercambiadores, calentadores y enfriadores, en los que tanto en el fluido caliente como en el frío, solo se transfiere calor sensible, es decir, no ocurre cambio de fase en ninguno de ellos.

En base a lo descrito en la Sección 3, relativo a la ecuación básica de cálculo para intercambiadores de calor, consideremos un intercambiador de tubos y coraza, al que entra un flujo M de un fluido caliente con temperatura T_1, presión P_1, y sale más frío a temperatura T_2 y a presión menor P_2; y también entra un flujo m de un fluido frío con temperatura t_1, presión p_1 y sale a temperatura mayor t_2 y presión menor p_2. Con ésta información, los cálculos térmicos en el intercambiador consisten en determinar los cuatro factores que conforman la Ec. 5.1, que es la misma presentada como Ec. 3.25, es decir, la carga térmica, Q; el área de transferencia de calor, A; el coeficiente global de transferencia de calor U y la diferencia efectiva de temperatura ΔT_e.

$$Q = U \, A \, \Delta T_e \qquad\qquad (5.1)$$

Carga térmica Q. Es la cantidad de energía que el intercambiador está en capacidad de transferir, la cual puede calcularse aplicando la primera ley de la termodinámica, que puede expresarse en forma general con la Ec.5.2, en términos de los cambios de entalpía del fluido caliente entre la entrada y la salida, H_1 y H_2, y del fluido frío h_1 y h_2,

$$Q = M(H_1-H_2) = m \, (h_1-h_2) \qquad\qquad (5.2)$$

En el Capítulo 2, se clasificaron los intercambiadores y para cada uno de ellos la Ec. 5.2 toma una forma particular. En este capítulo solo estaremos tratando los intercambiadores, calentadores y enfriadores, en los que solo se transfiere calor sensible, por lo que la Ec. 5.2 se reduce a,

$$Q = M \, C_P \, (T_1 - T_2) = m \, c_P \, (t_2 - t_1) \qquad\qquad (5.3)$$

Donde C_P es la capacidad calorífica del fluido caliente a la temperatura promedio entre T_1 y T_2, y c_P la del fluido frío entre t_1 y t_2. Observe, que las variables o propiedades en letras minúsculas corresponden al fluido frío y en mayúsculas al fluido caliente; el subíndice 1 identifica la entrada y el 2 la salida. Esta notación la estaremos usando en lo sucesivo.

Área de transferencia de calor. Es la superficie exterior o interior de todos los tubos que conforman el haz de tubos y viene dada por:

$$A_o = (\pi d_o L)N_T = (2\pi r_o L)N_T \qquad (5.4)$$

$$A_i = (\pi d_i L)N_T = (2\pi r_i L)N_T \qquad (5.5)$$

Siendo A_o y A_i las superficies exterior e interior respectivamente; N_T el número de tubos, L su longitud, d_o y d_i sus diámetros exterior e interior respectivamente. Normalmente el área que se reporta o calcula es la externa A_o, que también puede obtenerse despejándola de la Ec. 5.1. En lo sucesivo estaremos refiriéndonos al área externa.

$$A_o = \frac{Q}{U_o \Delta T_e} \qquad (5.6)$$

Coeficiente global de transferencia de calor, U. Este coeficiente puede calcularse con la Ec. 3.15 o Ec. 3.16, y como hemos seleccionado al área externa A_o, como área de transferencia, vamos a usar la Ec. 3.16 expresando la resistencia por conducción R_K en forma logarítmica, por tratarse de una pared cilíndrica.

$$U_o = \frac{1}{\dfrac{A_o}{h_i A_i} + \dfrac{A_o \ln(d_o / d_i)}{2\pi k L} + \dfrac{1}{h_o A_o}} \qquad (5.7)$$

$$U_o = \frac{1}{\dfrac{d_o}{h_i d_i} + \dfrac{d_o \ln(d_o / d_i)}{2k} + \dfrac{1}{h_o}} \qquad (5.8)$$

De las tres resistencias que se oponen al flujo de calor, el diseñador tiene la libertad de seleccionar la metalurgia de los tubos con alta conductividad térmica k, de tal manera que su resistencia sea muy baja y pueda despreciarse en el cálculo de U, por lo que la Ec. 5.8 se reduce a,

$$U_o = \frac{1}{\dfrac{1}{h_{io}} + \dfrac{1}{h_o}} = \frac{h_{io} h_o}{h_{io} + h_o} \qquad (5.8.a)$$

Donde h_{io} es el coeficiente local interno referido al área externa A_o y viene dado por $h_{io} = h_i(d_i/d_o)$. En la Tabla A.3, se presentan rangos típicos para coeficientes globales de transferencia de calor U.

Coeficiente local de transferencia de calor dentro de los tubos, h_i. Para calcular el coeficiente h_i, dentro de los tubos, se pueden utilizar la correlación propuesta por Sieder y Tate[4] para flujo por dentro de tubos, la cual tiene exactitud entre ±10 y ±15% cuando se aplican al calentamiento o enfriamiento de fracciones de petróleo, líquidos orgánicos, soluciones acuosas y gases; no es recomendable para agua.

$$Nu_i = 1,86 \left[R_e P_r (d_i/L) \right]^{1/3} (\mu/\mu_w)^{0,14} \qquad R_e \leq 2100 \text{ y } R_e P_r d_i/L > 10 \quad (4.10)$$

$$Nu_i = 0,027 R_e^{0,8} P_r^{1/3} (\mu/\mu_w)^{0,14} \qquad Re > 2100 \qquad (4.11)$$

Para agua se recomienda la Ec. 4.12,

$$h_i = (169,145 + 1,662 T) v^{(0,7259 + 0,000273 T)} \qquad (4.12)$$

La Ec. 4.12 fue obtenida con tubos de diámetro exterior ¾ de pulgadas BWG 16, con diámetro interior de 0,62 pulgadas, por lo que para tubos de otros diámetros, el valor de h obtenido con esta ecuación, hay que multiplicarlo por factor obtenido con la Ec. 4.12.a,

$$\text{Factor} = 0,91 - 0,1882 \, Ln(d_i) \qquad (4.12.a)$$

Un cálculo rápido de h_i se puede hacer utilizando la Fig. A.1, o la Fig. A.2.

En las ecuaciones anteriores $Nu_i = h_i d_i/k$ es el módulo de Nusselt, $Re = \rho d_i v_i/\mu$ el módulo de Reynolds y $Pr = \mu c_p/k$ el módulo de Prandlt. L es la longitud del intercambiador, d_i el diámetro interior del tubo interno y μ_w la viscosidad del fluido dentro del tubo a la temperatura de la pared, t_w que se puede calcular con las ecuaciones Ec. 4.19 a Ec. 4.21. En la Ec. 4.12, v es la velocidad del agua en pie/seg. Cuando se trata de fluidos con muy poca variación de viscosidad con la temperatura, el factor de corrección por viscosidad puede considerarse igual a la unidad, $\Phi = (\mu/\mu_w)^{0,14} = 1$. Las otras propiedades del fluido, capacidad calorífica c_p, viscosidad μ, densidad ρ, y conductividad térmica k, se evalúan a la temperatura promedio del fluido dentro del tubo, tomada como la media aritmética entre las temperaturas de entrada y salida al intercambiador, $T_b = (T_1 + T_2)/2$ o $t_b = (t_1 + t_2)/2$.

Temperatura de la pared t_w. Considerando que la resistencia de la pared del tubo es despreciable, la temperatura de la pared t_w puede calcularse con una de las ecuaciones siguientes, dependiendo del lado que fluya cada fluido. Cuando el fluido frío fluye por dentro del haz tubular, la temperatura de la pared viene dada por la Ec. 4.19 o Ec. 4.19.a,

$$t_w = T_b - \frac{h_{io}}{h_{io} + h_o}(T_b - t_b) \qquad (4.19)$$

$$t_w = t_b + \frac{h_o}{h_{io} + h_o}(T_b - t_b) \qquad (4.19.a)$$

Cuando es el fluido caliente que fluye por dentro del haz tubular, la temperatura de la pared del tubo viene dada por la Ec. 4.19.b o Ec 4.19.c,

$$t_w = T_b - \frac{h_o}{h_{io} + h_o}(T_b - t_b) \qquad (4.19.b)$$

$$t_w = t_b + \frac{h_{io}}{h_{io} + h_o}(T_b - t_b) \qquad (4.19.c)$$

Estas ecuaciones también pueden expresarse en términos de los coeficientes locales sin corregir por viscosidad, h_{io}/Φ_i y h_o/Φ_o como se muestra en las ecuaciones siguientes, siendo la Ec. 4.20 y 4.20.a equivalentes a la Ec. 4.19 y 4.19.a y la Ec. 4.21 y Ec. 4.12.a equivalentes a la Ec. 4.19.b y Ec. 4.19.c.

$$t_w = T_b - \frac{h_{io}/\Phi_i}{h_{io}/\Phi_i + h_o/\Phi_o}(T_b - t_b) \qquad (4.20)$$

$$t_w = t_b + \frac{h_o/\Phi_o}{h_{io}/\Phi_i + h_o/\Phi_o}(T_b - t_b) \qquad (4.20.a)$$

$$t_w = T_b - \frac{h_o/\Phi_o}{h_{io}/\Phi_i + h_o/\Phi_o}(T_b - t_b) \qquad (4.21)$$

$$t_w = t_b + \frac{h_{io}/\Phi_i}{h_{io}/\Phi_i + h_o/\Phi_o}(T_b - t_b) \qquad (4.21.a)$$

Como se indicó en la Sección 3, el procedimiento consiste en calcular con la correlación que aplique, los coeficientes locales sin corregir por viscosidad h_{izo}/Φ_i y h_o/Φ_o; luego sustituirlos en la ecuación que corresponda de la Ec.4.20 a la Ec 4.21.a y calcular la temperatura de la pared t_w. Después se procede a evaluar la viscosidad a esta temperatura y por consiguiente los valores de $\Phi_i = (\mu/\mu_w)^{0,14}$ y $\Phi_o = (\mu/\mu_w)^{0,14}$, que luego al multiplicarlos por h_i/Φ_i y h_o/Φ_o se obtienen los valores de los h_i y h_o corregidos por viscosidad; posteriormente se refiere h_i al área externa con $h_{io} = h_i(d_i/d_o)$.

Coeficiente local de transferencia de calor lado coraza, h_o. El fluido de la coraza siempre estará fluyendo contra el haz tubular, los deflectores y sus ventanas, por lo que el valor numérico del coeficiente h_o está afectado por estos factores, y en consecuencia, no podrá calcularse directamente con las correlaciones que aplican a flujo dentro de tubos. Para estos casos, una de las correlaciones que mejor reproduce los datos experimentales es la Ec. 5.9, la cual es aplicable a hidrocarburos, compuestos orgánicos, agua, soluciones acuosas y gases.

$$Nu_o = 0,36\, R_e^{0,55}\, P_r^{1/3}\, (\mu/\mu_w)^{0,14} \qquad Re > 2100 \quad (5.9)$$

En la ecuación anterior, $Nu_o = h_o D_e/k$ es el módulo de Nusselt del lado de la coraza o fuera de los tubos; $Re = \rho D_e v/\mu = G_C D_e/\mu$, el módulo de Reynolds y $Pr = \mu c_p/k$ el módulo de Prandlt, D_e el diámetro equivalente del lado de la coraza y μ_w la viscosidad del fluido de la coraza a la temperatura de la pared de los tubos, t_w. Cuando se trata de fluidos con muy poca variación de viscosidad con la temperatura, el factor de corrección por viscosidad puede considerarse igual a la unidad, $\Phi = (\mu/\mu w)^{0,14} = 1$. Las otras propiedades del fluido, capacidad calorífica c_p, viscosidad μ, densidad ρ, y conductividad térmica k, se evalúan a la temperatura promedio del fluido de la coraza, tomada como la media aritmética entre las temperaturas de entrada y salida a la coraza. Un cálculo rápido de h_o se puede hacer utilizando la Fig. A.3, la cual es una representación gráfica de la Ec. 5.9, en cuyo eje vertical se muestra el factor $J_H = Nu_C Pr^{-1/3}(\mu/\mu_w)^{-0,14}$ y en el horizontal al Re.

Área neta de flujo para el fluido de la coraza. Los deflectores segmentados, obligan al fluido de la coraza a un movimiento perpendicular al haz de tubos, cuando lo cruza y a otro axial cuando pasa por la ventana del deflector y en consecuencia, la coraza tendrá dos áreas de flujo: una para el flujo perpendicular y otra para el axial. El área para el flujo perpendicular, está afectada por la separación B entre los deflectores, el claro C entre los bordes de los tubos y el pitch P_T o separación entre los centros de dos tubos adyacentes. Por otro lado el área para el flujo axial está afectada por el porcentaje de corte del deflector.

Área para flujo perpendicular. El canal para el flujo perpendicular a los tubos, es aquel localizado entre dos deflectores separados una distancia B. Si la coraza, de diámetro interno D_{iC}, no tuviera en su interior el haz tubular y los deflectores, el área neta de flujo para el fluido sería, el área de la sección transversal dada por $\pi D_{iC}^2/4$. Debido a la curvatura de la coraza, el número de tubos varía de cero, en las paredes interiores de la coraza, hasta un máximo en el centro y en consecuencia, también varían el área de flujo de un máximo en el centro a un mínimo, justo al llegar a la ventana del deflector; por otro lado, la velocidad del fluido varía de un mínimo a un máximo. Una manera de asegurar la velocidad mínima permitida al fluido de la coraza es utilizar el área máxima, la cual corresponde a la sección localizada en el centro de la coraza, y para estimar esta área se divide el diámetro de la coraza entre el pitch de los tubos, (Di/P_T), multiplicarlo por el claro entre tubos C y por la separación entre deflectores B. Bajo estas consideraciones, el área total neta de flujo viene dada por,

$$A_{FYC} = \frac{D_{ic}}{P_T} CB \qquad (5.10)$$

Área para flujo axial. Esta área viene dada por el área seccional de la ventana del deflector, que puede expresarse por,

$$A_{FXC} = \frac{\pi(D_{IC}^2 - N_T d_o^2)(\%C/100)}{4}$$ (5.10.a)

En la Ec. 5.10.a puede observarse que si el porcentaje de corte de los deflectores, %C, es 100%, el área de flujo es igual al área seccional de la coraza menos el área ocupada por los N_T tubos de diámetro exterior d_o.

Diámetro equivalente de la coraza. Para determinar este diámetro se recurre a la definición del radio hidráulico, en base al área libre entre los tubos para el flujo,

$$D_e = \frac{4 \times Arealibre}{Perimetrohúmedo}$$ (5.11)

Como se ilustra en la Fig. 5.7, tanto el área libre al flujo (área marcada) como el perímetro húmedo, dependen del tipo de arreglo de los tubos en el haz tubular y, analizando la geometría de cada uno de los arreglos, para obtener las expresiones respectivas para área libre y perímetro húmedo y después reemplazar en la Ec. 5.11, se obtienen las expresiones siguientes:

$$\text{Arreglo en cuadro,} \quad D_e = \frac{4P_T^2 - \pi d_o^2}{\pi d_o}$$ (5.12)

$$\text{Arreglo en triangulo,} \quad D_e = \frac{3,44P_T^2 - \pi d_o^2}{\pi d_o}$$ (5.13)

$$\text{Arreglo en rombo,} \quad D_e = \frac{2,9988P_T^2 - \pi d_o^2}{\pi d_o}$$ (5.14)

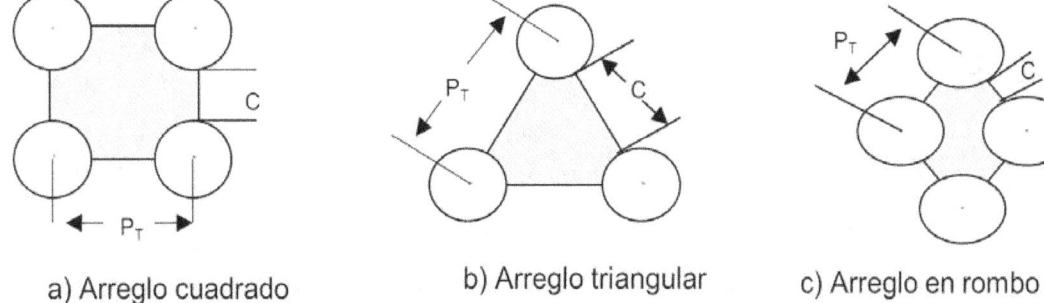

a) Arreglo cuadrado   b) Arreglo triangular   c) Arreglo en rombo

Fig. 5.7. Diámetro equivalente por arreglo de tubos

Factor de ensuciamiento R_D. El factor de ensuciamiento tiene la misma interpretación y significado que para los intercambiadores de doble tubo y se relaciona el coeficiente global limpio U_C y sucio U_D , con la Ec. 4.23 y Ec. 4.23.a,

$$\frac{1}{U_D} = \frac{1}{U_C} + R_{Di} + R_{Do} = \frac{1}{U_C} + R_D \qquad (4.23)$$

$$R_D = \frac{U_C - U_D}{U_C U_D} \qquad (4.23.a)$$

Diferencia Efectiva de Temperatura ΔTe. Al igual que para el doble tubo, aquí es donde tiene su aplicación directa la segunda ley de la termodinámica, ya que si no hay diferencia de temperatura entre los fluidos, tampoco habrá flujo de energía entre ellos. Sin embargo, la diferencia efectiva de temperatura en un intercambiador de Tubos y Coraza, va a depender de la disposición de los flujos en la coraza y los tubos.

Tubo y Coraza 1-1 en contracorriente. Generalmente se emplea en sistemas donde se requiere muy baja caída de presión por el lado de la coraza y para lograrlo se recurre al uso de deflectores segmentados con un porcentaje de corte muy cercano al 50%, lo que los convierte en simples placas de soporte, ya que el efecto de turbulencia no es muy acentuado y la distribución de temperatura se muestra la Fig. 5.8, su diferencia efectiva de temperatura se calcular similar a un Doble Tubo en Contracorriente, Ec. 4.24.

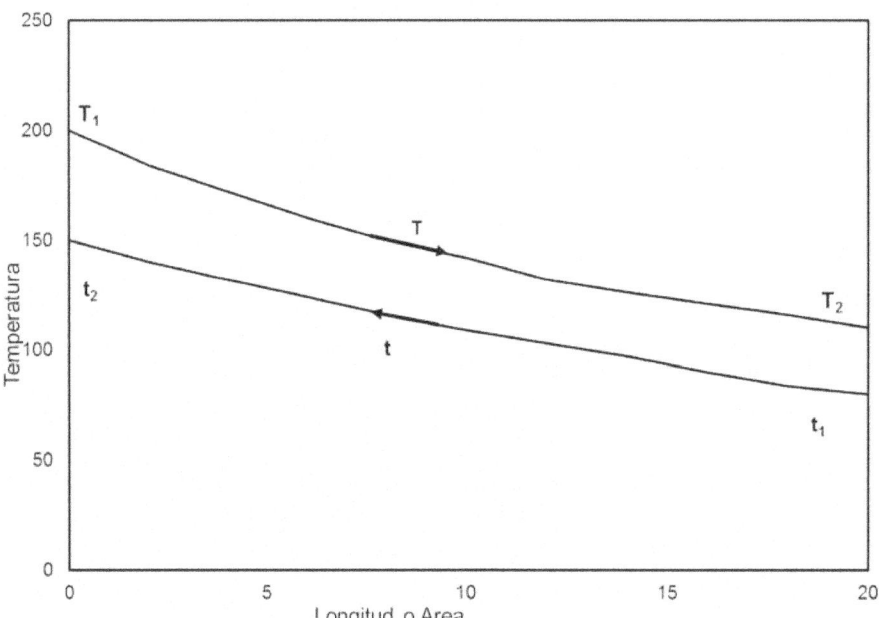

Fig. 5.8. Variación de temperatura en Tubos y Coraza 1-1 contracorriente

$$\Delta T_{CC} = MLDT_{CC} = \frac{(T_1 - t_2) - (T_2 - t_1)}{Ln\left[\frac{T_1 - t_2}{T_2 - t_1}\right]} \qquad (4.24)$$

Tubo y Coraza 1-2. La Fig. 5.9 corresponde a la variación de las temperaturas dentro de un intercambiador, con un paso por la coraza y dos pasos por los tubos; se observa que en el primer paso por los tubos, el fluido está en la misma dirección o en paralelo con el fluido de la coraza; y posteriormente, al entrar al otro paso, cambia de dirección y fluye en contracorriente con el fluido de la coraza, teniendo así una combinación de pasos en el intercambiador.

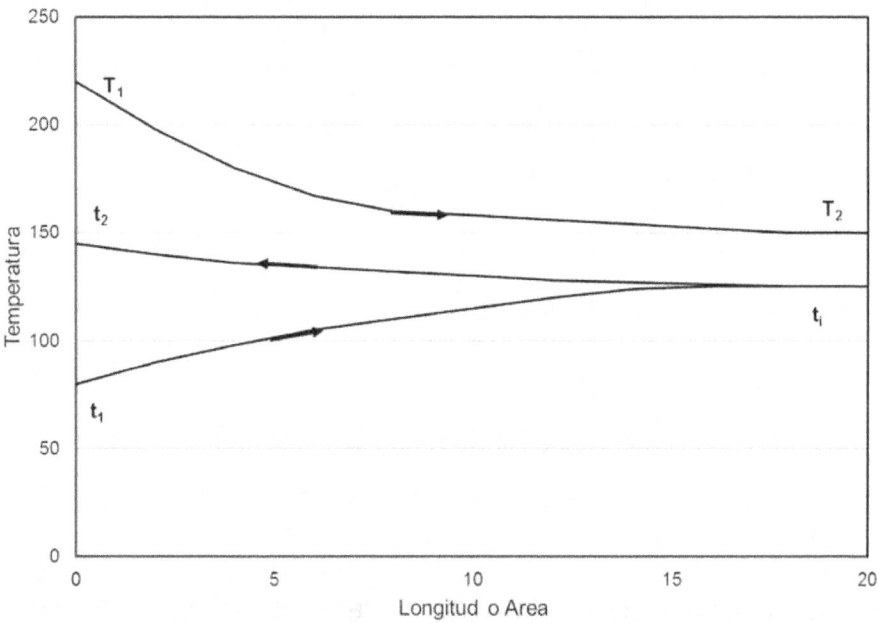

Fig. 5.9. Variación de temperatura en Tubos y Coraza 1-2.

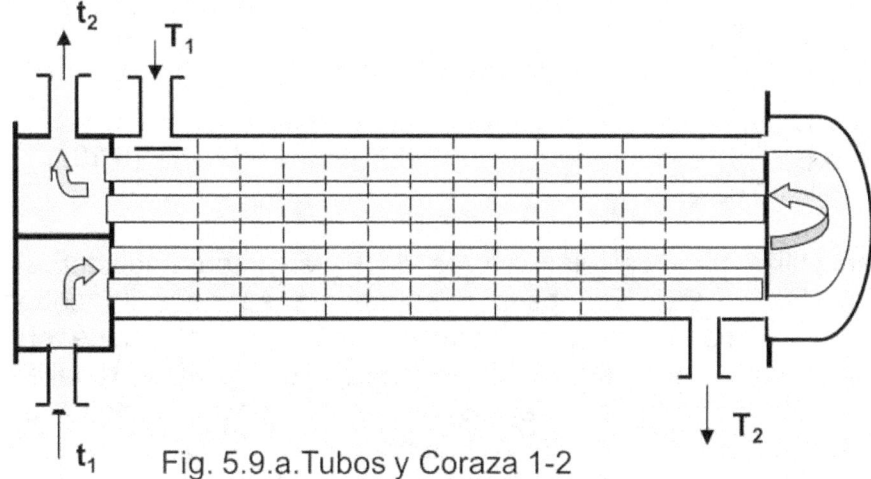

Fig. 5.9.a.Tubos y Coraza 1-2

En el capítulo anterior, pudimos mostrar con ejercicios, que el proceso de transferencia de calor en contracorriente, produce igual o mayor diferencia efectiva de temperatura que el proceso en paralelo, y en consecuencia, igual o mayor eficiencia térmica. Si en un tubo y coraza 1-2 se usa la Ec. 4.24 para calcular la diferencia efectiva de temperatura, se está considerando que el proceso es contracorriente puro y no se toma en cuenta la ineficiencia que aporta el paso paralelo presente en el intercambiador. Para corregir esta ineficiencia se ha expresado la diferencia efectiva de temperatura como,

$$\Delta T_e = F_T\, MLDT_{cc} \tag{5.15}$$

Donde F_T se define como el factor de corrección de temperatura, para considerar la ineficiencia del paso paralelo[3,4,6,7,9,10], y su valor será igual a la unidad cuando se trata de un intercambiador contra corriente puro y, ante la existencia de un paso paralelo, será menor que 1 y por consiguiente, la diferencia efectiva de temperatura será menor que la $MLDT_{cc}$. En resumen, $F_T \leq 1$, y para un intercambiador 1-2, puede calcularse con la Ec. 5.16.

$$F_{T1-2} = \frac{\sqrt{(R^2+1)}}{(R-1)}\, \frac{Ln\left[\dfrac{(1-S)}{(1-RS)}\right]}{Ln\left[\dfrac{2-S\left(R+1-\sqrt{(R^2+1)}\right)}{2-S\left(R+1+\sqrt{R^2+1}\right)}\right]} \tag{5.16}$$

R es el factor de rango y viene dado por la relación entre el rango de temperatura del fluido caliente, (T_1-T_2) y el rango de temperatura del fluido frío, (t_2-t_1). S es el factor de eficiencia del intercambiador, que relaciona el cambio real de temperatura en el fluido frío, $(t_2 - t_1)$, con el máximo cambio que puede tener, $(T_1 - t_1)$. Esto último significa que la temperatura más alta que teóricamente puede alcanzar el fluido frío, es la temperatura T_1 de entrada del fluido caliente,

$$R = \frac{(T_1 - T_2)}{(t_2 - t_1)} \tag{5.17}$$

$$S = \frac{(t_2 - t_1)}{(T_1 - t_1)} \tag{5.18}$$

La Ec. 5.16 se utiliza para calcular valores de F_T en intercambiadores 1-2 en función de S y R, y como se observa, solamente se necesita conocer las temperaturas de entrada y salida al intercambiador, lo cual puede obtenerse completamente mediante un balance de energía, Ec. 5.3. Los detalles de la deducción de la Ec. 5.16, pueden leerse en las referencias citadas, o en los trabajos originales de Nagle, W. M[14], Underwood, A. J[15] y Bowman, R. A[16], estando su aplicación limitada a las condiciones siguientes:

a) El fluido de la coraza está a una temperatura promedio en cualquier sección transversal del intercambiador.
b) Las áreas de transferencia de calor en cada paso son iguales.
c) El coeficiente global de transferencia de calor es constante en todo el intercambiador.
d) Los flujos por la coraza y los tubos son constantes.
e) Las capacidades caloríficas de ambos fluidos permanecen constantes.
f) No ocurre cambio de fase en ninguno de los fluidos, y si la hay, tiene que ser isotérmica (vaporización o condensación de una sustancia pura).
g) Las pérdidas de calor son despreciables.

Adicionalmente, se ha podido comprobar que cuando se utiliza la Ec. 5.16 para intercambiadores hasta 1-8, el error cometido no llega al 2%, por lo que esta ecuación se utiliza para un paso por la coraza y 2 o más pasos por los tubos. También es importante señalar que cuando se diseña un intercambiador 1-2, con la temperatura de salida del fluido frío t_2 mayor que la temperatura de salida del fluido caliente T_2, se está exigiendo que la temperatura intermedia t_i de salida del paso paralelo se aproxime a la temperatura T_2 de salida del fluido caliente, y esto solo se lograría con un área de transferencia muy grande. La diferencia $(T_2 - t_2)$ se conoce como *aproximación* y cuando se hace negativa o sea que $t_2 > T_2$, se le conoce como *cruce de temperatura*. En la figura 5.10 se presentan variaciones de F_T con la *aproximación*, para un intercambiador 1-2, y puede observarse que en el cruce de temperatura $F_T = 0,80$. Por debajo de este valor, el intercambiador 1-2 no es recomendable, ya que el flujo de calor en los pasos paralelos predominarían sobre los pasos en contracorriente, y en consecuencia, el área de transferencia de calor se incrementaría, por lo que se tiene que probar con otro arreglo que mejore el factor; sin embargo, se ha establecido como aceptable[4,7,17] valores de $F_T \geq 0,75$.

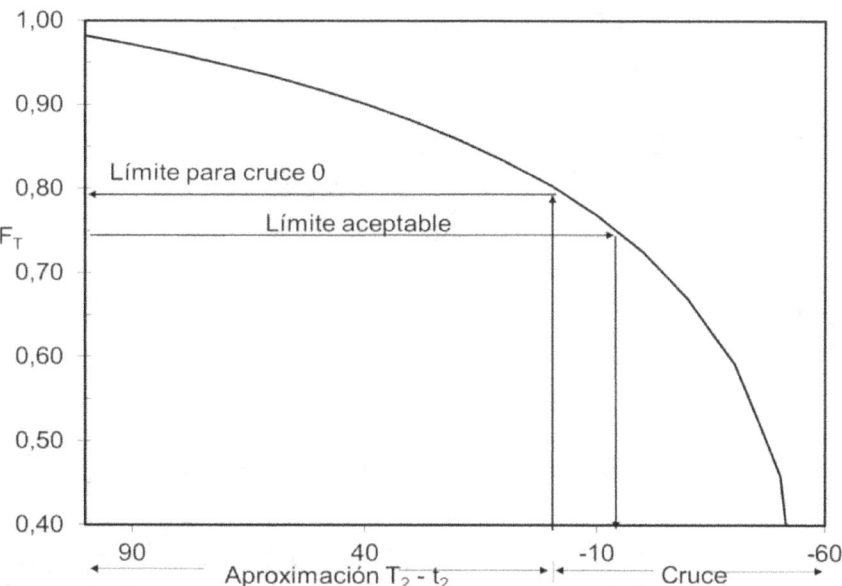

Fig. 5.10. Factor de Corrección F_T vs. Aproximación

Tubo y Coraza 2-4. Cuando se diseña un intercambiador 1-2, y el proceso establece las temperaturas de entrada y salida resultando un $F_T \le 0,75$, se concluye que nos es recomendable y por consiguiente se debe recurrir a otro con más pasos por la coraza, siendo el 2-4 el arreglo inmediato. Para este último intercambiador, el factor de corrección F_T, en función de R y S viene dado por la Ec. 5.20 [4,6,7].

$$F_{T,2-4} = \frac{\sqrt{(R^2+1)}}{2(R-1)} \frac{Ln\left[\frac{(1-S)}{(1-RS)}\right]}{Ln\left[\frac{2\left(1+\sqrt{(1-S)(1-RS)}\right)-S\left(1+R-\sqrt{R^2+1}\right)}{2\left(1+\sqrt{(1-S)*(1-RS)}\right)-S\left(1+R+\sqrt{R^2+1}\right)}\right]}$$ (5.20)

Un intercambiador 2-4 es equivalente a dos intercambiadores 1-2 en serie, como se ilustra en la Fig. 5.11, donde t_{BA} es la temperatura del fluido de los tubos pasando del intercambiador B hacia los tubos del A; y T_{AB} la temperatura del fluido de la coraza pasando de A hacia B. Si a cada uno de estos intercambiadores se aplica la Ec. 5.16, se obtendría un sistema de ecuaciones en términos de R y S, y mediante arreglos algebraicos se obtiene la Ec. 5.20.

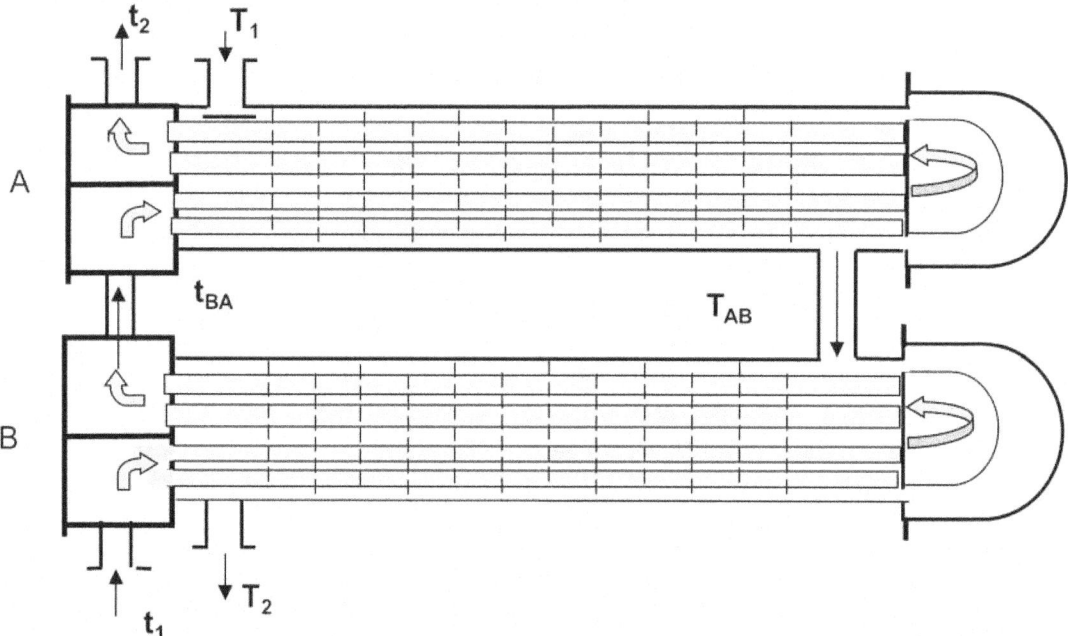

Fig. 5.11. Intercambiadores 1-2 en serie, equivalente a un 2-4.

Tubo y Coraza n-2n. En base a lo anterior, aplicando la Ec. 5.16 a un intercambiador de n pasos por la coraza y 2n pasos por los tubos, se obtendría una expresión generalizada [9] para F_T en términos de R, S y n, que viene dada las ecuaciones siguientes,

Si R = 1,

$$F_{T,n-2n} = \frac{1,414\left(\dfrac{X}{1-X}\right)}{Ln\left[\dfrac{2-X\left(1+R-\sqrt{R^2+1}\right)}{2-X\left(1+R+\sqrt{R^2+1}\right)}\right]}$$ (5.21)

Con R definido por la Ec. 5.17, S por Ec. 5.18 y X por,

$$X = \frac{S}{n(1-S)+S}$$ (5.22)

Si R ≠ 1,

$$F_{T,n-2n} = \frac{\sqrt{(R^2+1)}}{2(R-1)} \frac{Ln\left[\dfrac{(1-X)}{(1-RX)}\right]}{Ln\left[\dfrac{2-X\left(1+R-\sqrt{R^2+1}\right)}{2-X\left(1+R+\sqrt{R^2+1}\right)}\right]}$$ (5.23)

Con X definido por,

$$X = \frac{1-\left(\dfrac{1-RS}{1-S}\right)^{1/n}}{R-\left(\dfrac{1-RS}{1-S}\right)^{1/n}}$$ (Ec.5.24)

La Asociación de Fabricantes de Intercambiadores Tubulares (Standars Tubular Exchanger Manufacturers Asociation, TEMA[13]) presenta un conjunto de gráficas que permiten un estimado manual rápido y aproximado del factor de corrección F_T; estas mismas gráficas se pueden localizar en otras referencias [3,4,7,10,32]. Sin embargo, es recomendable calcular el valor de F_T aplicando las ecuaciones 5.16, 5.20 o 5.21, ya que hay rangos de valores para S y R en los que es difícil leer valores de F_T en las gráficas, debido a la pronunciada verticalidad de las curvas. Esto puede observarse al revisar la Fig. 5.12, la cual fue construida con datos obtenidos al reemplazar valores de S y R en la Ec. 5.16. Esta verticalidad y dificultad de lectura de valores de F_T en las curvas, se incrementa con el número de pasos por la coraza y los tubos.

Todas las ecuaciones desarrolladas anteriormente para calcular F_T solamente aplican a intercambiadores con pasos pares por los tubos, ya que los pasos impares son factibles desde el punto de vista teórico, pero no desde el punto vista práctico, debido que presentan dificultades mecánicas para la canalización en el cabezal fijo, y en consecuencia no se recomienda su uso.

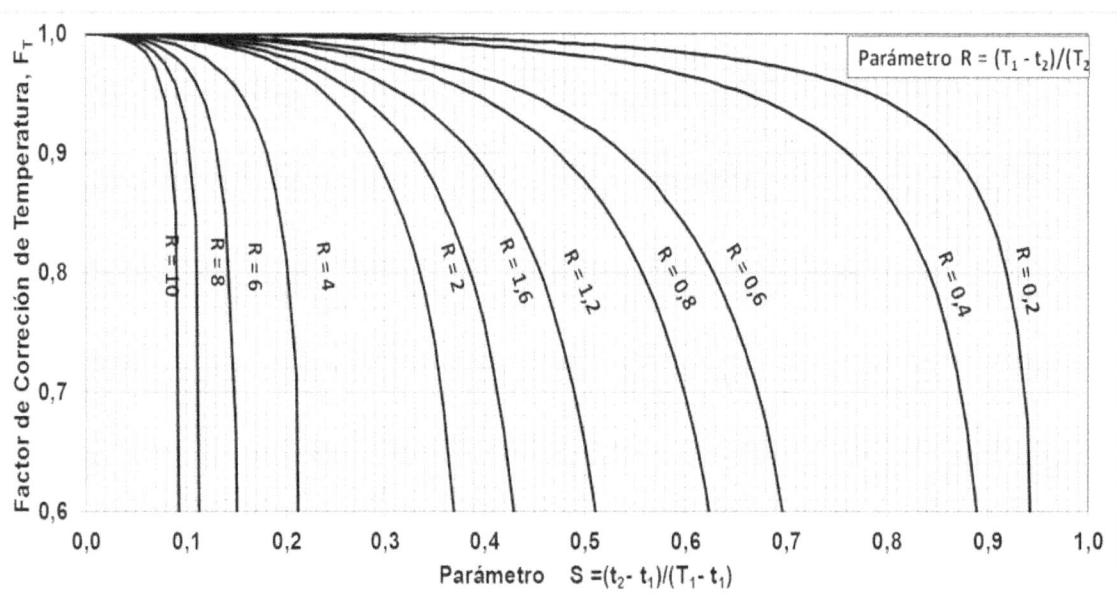

Fig. 5.12. Factor de corrección de MLDT en Tubos y Coraza 1-2 (Con la Ec. 5.16)

Ejemplo 5.1. Una corriente con temperatura de 300°F entra a la coraza de un intercambiador para enfriarse hasta 150°F con otra corriente que entra a los tubos a 100°F y sale 160°F, Calcular la diferencia efectiva de temperatura, para 1-2 y 2-4 y 3-6, cuando el fluido frío salga a 140°F, 150°F, 160°F y 170°F.

Solución.	Fluido Caliente		Fluido frío	
	T_1	300	t_2	ver tabla
	T_2	150	t_1	100

Aplicando las ecuaciones de Ec. 5.16 hasta la Ec. 5.24, se obtienen los resultados mostrados en la Tabla 5.1.

Tabla 5.1 Resultados Ejemplo 5.1					
t_2	R	S	$F_{T,1-2}$	$F_{T,2-4}$	$F_{T,3-6}$
140	3,75	0,20	0,8650	0,9709	0,9874
150	3,00	0,25	0,8095	0,9604	0,9829
160	2,50	0,30	0,7351	0,9481	0,9777
170	2,14	0,35	0,6231	0,9333	0,9715

Como se observa, a partir de t_2 = 160, el intercambiador 1-2 presenta un $F_T < 0,75$ por lo que no debería utilizarse. Se debe resaltar que para 140 °F y 150 °F, es práctico utilizar el 1-2, ya que para los otros dos arreglos, los valores de F_T no compensan la complejidad de su construcción, operación y mantenimiento.

Ejemplo 5.2. Una corriente con temperatura de 150 °F entra a la coraza de un intercambiador para enfriarse hasta 100 °F con otra corriente que entra a los tubos a 90 °F. y sale 125 °F, Calcular la diferencia efectiva de temperatura, para 1-2 y 2-4 y 3-6,

Solución. Aplicando las ecuaciones Ec. 5.17 y   Ec. 5.18,

$$R = (T_1 - T_2)/(t_2 - t_1) = (150 - 100)/(125 - 90) = 1,429$$

$$S = (t_2 - t1)/(T_1 - t1) = (125 - 90)/(150 - 90) = 0,583$$

Como $R \neq 1$, se aplican las ecuaciones   Ec. 5.23 y Ec. 5.24,

$F_{T,1-2}$ no es posible.

$F_{T,2-4} = 0,5959 < 0,75$

$F_{T,3-6} = 0,8636$

Con estos resultados se concluye que debe seleccionarse un intercambiador 3-6, ya que su $F_T > 0,75$.

5.3. CÁLCULOS HIDRÁULICOS.

Al igual que los intercambiadores de doble tubo, los de tubos y coraza, además de cumplir con los requerimientos de transferencia de calor, también deben cumplir con las restricciones de caída de presión del fluido tanto en la coraza como en los tubos, es decir, que las pérdidas de presión en cada lado deben ser menor o igual a las permitidas por el circuito hidráulico donde se encuentran instalados.

Pérdida de presión en los tubos. Cuando el fluido entra al cabezal fijo del haz tubular, se distribuye por igual entre el número de tubos que haya en cada paso, NTP, y fluye por ellos perdiendo presión, fundamentalmente, por efectos de la fricción. Si m es el flujo total que entra al cabezal y el área seccional de flujo de cada tubo es $A_{FT} = \pi d_i^2/4$ entonces el flujo de masa por unidad de área en cada tubo, G_T viene dado por:

$$G_T = \frac{m}{N_{TP} A_{FT}} = \frac{m}{N_{TP}(\pi d_i^2/4)} \tag{5.25}$$

Una de las ecuaciones más usadas y aceptadas por la Asociación de Fabricantes de Intercambiadores Tubulares[13] (mejor conocida por sus siglas en inglés como TEMA) para calcular la pérdida de presión en el haz tubular, es la adaptación de la ecuación de Fanning, que viene dada por,

$$\Delta P_T = \frac{fG_T^2 N_P L}{288g\rho d_i \phi_T} = \frac{fG_T^2 N_P L}{12{,}02 \times 10^{10} \rho d_i \phi_T} \qquad (5.26)$$

Donde ΔP_T en psi, G_T en lb/hr-pie^2, L, la longitud de un tubo en pie, N_P el número de pasos por los tubos, g aceleración de gravedad, $4{,}173 \times 10^8$ pie/hr^2, ρ la densidad del fluido, d_i el diámetro interior de los tubo, en pie; $\Phi_T = (\mu/\mu_w)^{0{,}14}$ el factor de corrección por viscosidad en el fluido de los tubosy f el factor de fricción, el cual para flujo laminar puede estimarse con la Ec. 5.27 y para turbulento con la Ec. 5.28 respectivamente.

$$f = \frac{71{,}283}{Re^{0{,}9985}} \qquad \text{para } Re < 2100 \qquad (5.27)$$

$$f = \frac{0{,}4468}{Re^{0{,}263}} \qquad \text{para } Re > 2100 \qquad (5.28)$$

Adicional a pérdida de presión por el flujo dentro de los tubos, es necesario considerar la pérdida debido al cambio de dirección, cuando el fluido cambia de un paso a otro, y esta se ha definido equivalente a cuatro veces la velocidad de cabezal por cada paso, calculándose con la Ec. 5.29.

$$\Delta P_r = \left(\frac{4N_P}{\gamma}\right)\left(\frac{v^2}{64{,}4}\right) \qquad (5.29)$$

Con ΔP_r en psi, y la velocidad de fluido, v, en pie/seg. La pérdida total de presión en los tubos será entonces, $\Delta P_T + \Delta P_r$

Pérdida de presión en la coraza. El área de flujo de la coraza se definió en base al movimiento perpendicular y axial del fluido respecto a los tubos, los cuales son motivados por la presencia de los deflectores segmentados, que obligan al fluido a cruzar varias veces al haz tubular, desde la entrada hasta la salida de la coraza, produciéndose así una pérdida de presión que tiene dos contribuciones: una debido al movimiento perpendicular a los tubos, identificada como ΔP_{CY}; y la otra debido al cambio de dirección al pasar por la ventana del deflector, definida como ΔP_{CX}, Fig. 5.13. Si N es el número de deflectores, B la separación entre ellos y L la longitud de los tubos, entonces el fluido cruzará N+1 veces al haz de tubos y se puede calcular por,

$$N + 1 = L / B \qquad (5.30)$$

En base a lo anterior, la ecuación de Fanning se ha adaptado al flujo por la coraza, definiendo una longitud recorrida por el fluido igual a D_{ic} (1-%C/100) (N+1). Con esta definición, la ecuación de Fanning puede expresarse como,

$$\Delta P_{CY} = \frac{fG_{CY}^2 D_{ic}(1 - \%C/100)(N+1)}{288 g \rho D_e \phi_C} = \frac{fG_{CY}^2 D_{ic}(1 - \%C/100)(N+1)}{12,02x10^{10} \rho D_e \phi_C} \quad (5.31)$$

Con ΔP_{CY} en psi, $G_{cy} = M/A_{FYC}$ lb/hr-pie^2; A_{FYC} dado por la Ec. 5.10; L, la longitud del intercambiador en pie, g aceleración de gravedad, $4,173x10^8$ pie/hr^2, ρ la densidad del fluido en lb/pie^3, D_e el diámetro equivalente la coraza, en pie, dado por la Ec. 5.11; $\Phi_{CS} = (\mu/\mu_w)^{0,14}$ y f el factor de fricción dado por la Ec. (5.32) o la Ec. (5.33).

$$f = \frac{1,7626}{Re^{0,1914}} \qquad Re \geq 300 \qquad (5.32)$$

$$f = \frac{28,75}{Re^{0,7433}} \qquad Re < 300 \qquad (5.33)$$

La caída de presión en las ventanas de los deflectores, ΔP_{CX}, se calcula con la Ec. 5.34, considerando que el fluido da un giro de 180 grados en la ventana del deflector, con una pérdida de presión equivalente a 4 veces un cabezal de velocidad por cada ventana [9]

$$\Delta P_{CX} = \frac{4\rho v^2}{2g144} N = \frac{G_{CX}^2}{3,0x10^{10} x\rho} N \qquad (5.34)$$

Con ΔP_{CX} en psi, $G_{cx} = M/A_{FXC}$ lb/hr-pie^2; A_{FxC} dado por la Ec. 5.10a.
La caída de presión total en la coraza viene dada por

$$\Delta P_C = \Delta P_{CY} + \Delta P_{CX} \qquad (5.35)$$

Aproximadamente el 90% de la caída de presión en la coraza corresponde a ΔP_{CY}.

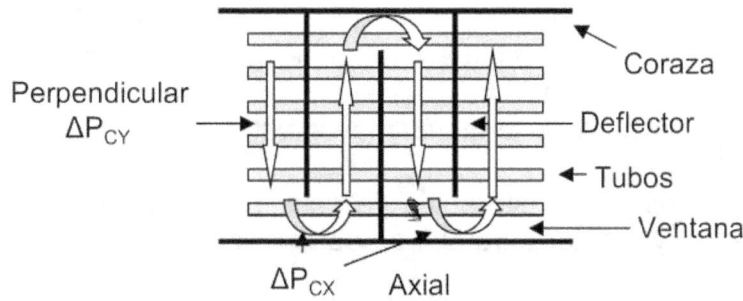

Fig. 5.13. Caída de presión perpendicular y axial en la coraza

5.4. Diseño y Evaluación.

Los cálculos, térmicos e hidráulicos, aplicables a un intercambiador de calor de Tubos y Coaraza están dirigidos a los mismos propósitos mencionados en la Sección 4.4:

a) Diseñar para especificar la procura y construcción.
b) Evaluar uno existente en operación, para determinar sus condiciones y decidir sobre su mantenimiento.
c) Evaluar uno existente en operación para determinar si puede soportar incrementos de carga o cambio de condiciones.
d) Evaluar uno existente para un nuevo servicio.

Diseño para construcción. Cuando se diseña un intercambiador de Tubos y Coraza para un servicio definido, donde se conoce la carga de calor y las temperaturas de entrada y salida, el objetivo final es llegar hasta dimensionarlo, especificando: área de transferencia de calor, número de pasos por la coraza y los tubos, número de tubos por paso, longitud, diámetro y arreglo de los tubos, diámetro de la coraza, tipo de deflectores y separación entre ellos y caída de presión en ambos fluidos. Con esta información de procesos, se definen los aspectos mecánicos y posteriormente se elabora la Hoja de Datos respectiva la cual se utiliza para las especificaciones técnicas que se utilizarán para solicitar su procura y construcción. A continuación se resumen un procedimiento general para el diseño.

a) Definir las variables de procesos: flujos, temperaturas, presiones y el factor R_D de ensuciamiento requerido.
b) Seleccionar características de los tubos: material, longitud, diámetros externo e interno, d_0, d_i. En la mayoría de los casos la longitud de los tubos queda definida por la disponibilidad de espacio para instalar el intercambiador; y por otro lado, por mantener la estandarización con intercambiadores ya existentes, también quedan definidos los diámetros de los tubos. El material lo define la naturaleza y condiciones de los fluidos del proceso.
c) Calcular la carga de calor Q, y hacer balance con la Ec.5.2 o la Ec. 5.3.
d) Calcular la diferencia efectiva de temperatura, ΔT_e con las Ecs. 5.15 a 5.24., seleccionado el arreglo de pasos para $F_T \geq 0,75$.
e) De la Tabla A.3, seleccionar el mayor valor en el rango de U_D para el servicio.
f) Calcular el área de transferencia de calor requerida, A, con la Ec. 5.6. Al suponer el mayor valor para U_D, se obtiene la menor área de transferencia de calor.
g) Calcular el número de tubos, $N_T = A / (\pi d_o L)$, Ec. 5.4.
h) Con el arreglo de pasos obtenido en d), el número de tubos en g) y la separación y arreglo de tubos seleccionados, localizar en la Tabla A.5, el

diámetro interior de la coraza que contenga un número de tubos igual o parecido al calculado en g).

i) Si hay diferencia en el número de tubos, calcule la nueva área A, Ec. 5.4.

j) Calcular el nuevo valor de U_D, para el área obtenida en i), despejándolo de la Ec. 5.6.

k) Calcular el coeficiente local h_i con las ecuaciones 4.10, 4.11 o con la Fig. A.1. Si se trata de agua, usar la Ec. 4.12 o la Fig. A.2. Para h_o usar la Ec. 5.9, o la Fig. A.4.

l) Calcular el coeficiente U_C con la Ec. 4.22. Si $U_C \leq U_D$, disminuir el valor de U_D y repetir el cálculo; si no, pasar a calcular caídas de presión.

m) Con las ecuaciones 5.26, 5.29, 5.31 y 5.34, calcular las caídas de presión lado tubo y lado coraza. Si las caídas de presión no son satisfactorias, se disminuye U_D y se repiten los cálculos desde el principio. El nuevo U_D supuesto debe ser menor que le calculado en el punto j).

n) Si las caídas de presión son satisfactorias, proceder a calcular el factor de ensuciamiento R_D con la Ec. 4.23a. Si el R_D calculado es menor que el requerido por el proceso, entonces disminuir el valor de U_D y repetir los cálculos, hasta que el R_D calculado sea igual o mayor que el requerido por el proceso.

o) El cálculo se detiene cuando se cumplan las condiciones exigidas hasta n), y una vez que se logre el diseño que cumpla con los requerimientos de proceso, se procede a llenar la Hoja de Datos del intercambiador, que luego será complementada con los datos mecánicos asociados a su construcción. Para esto se utilizará un formatio típico o recomendado por Standards of Tubular Exchanger Manufacturers Association, Inc, TEMA[13].

Ejemplo 5.3. Diseño de un pre calentador. En una refinería se quiere recuperar la energía contenida en una corriente de 29.800 lb/hr de Diésel (30°API) para precalentar 104.751 lb/hr de Nafta (42°API). El Diésel entra a 340°F y se espera que salga a 240°F. La Nafta entra a 200°F. Se sugiere utilizar un intercambiador de tubos y coraza y la caída de presión permitida es de 10 psi tanto en la coraza como en los tubos. El factor de ensuciamiento típico para este servicio es de 0,003 hr-pie2-°F/Btu lado Diesel y 0,003 lado Nafta. Por disponibilidad de espacio los tubos no pueden ser mayor de 16 pie de longitud y se dispone de tubos con diámetro exterior de ¾ de pulgadas, 16 BWG y se sugiere arreglarlos en cuadro, con separación de una pulgada entre centro y centro de tubos adyacentes. Usar deflectores segmentados con 25% de corte. Con la información anterior, se requiere determinar lo siguiente: 1) Número de pasos por la coraza y los tubos, 2) Número de tubos por paso, 3) Diámetro de coraza, 4) Área de transferencia de calor, 5) Velocidad del fluido en los tubos, 6)Número de deflectores y separación entre ellos.

Solución

a) Datos de procesos.

Variable	Unidad	Diésel	Nafta
Flujo	lb/hr	29.800	104.751
Temp. entrada	°F	340	200
Temp. Salida	°F	240	230 (Calculada)
Factor R_D	hr-pie^2-°F/Btu	0.006	

Propiedades a temperatura promedio (Correlaciones de la Tabla A.6.2)

Propiedad	Unidad	Diésel	Nafta
Temp. Promedio	°F	290	215 (Calculada)
Grav. Especifica		0,76	0,75
Densidad	lb/pie^3	47,22	46,80
Capac. Calorífica	Btu/lb-°F	0,58	0,55
Viscosidad	lb/pie-hr	1,61	1,53
Conduc.Termica	Btu/hr-pie-°F	0,074	0,079

b) Características de los tubos.

Longitud, pie   16
Diámetro exterior, plg.   0,75
Diámetro interior, plg .   0,62
Área superficial exterior $= 3,1416 \times (0,75/12) \times 16 = 3,1416$ pie^2 por tubo
Área de flujo por tubo $= A_{FT} = \pi d i^2/4 = 3,1416 \times (0,62/12)2/4 = 0,00209$ pie^2 por tubo

c) Balance de Calor (Ec. 5.3).

$Q = M\, C_P\, (T_1 - T_2) = 29.800 \times 0,58 \times (340 - 240) = 1.728.400$ Btu/hr.

Temperatura de salida de la Nafta:

$$t_2 = t_1 + Q/(m\, c_P) = 200 + 1.728.400/(104.751 \times c_P)$$

$$c_P(t,°API) = 5,51 \times 10^{-4}\, t + 2,23 \times 10^{-3}\, (°API) + 0,3387$$

Con la solución simultánea de las dos ecuaciones anteriores se obtiene:

$$t_2 = 230\ °F\ \text{con un}\ c_P\ \text{promedio de 0,55 Btu/lb-°F}$$

d) Diferencia efectiva de temperatura (Eq. 5.15).

$$\Delta Te = F_T\ MLDTcc \qquad\qquad (5.15)$$

La MLDT$_{CC}$ se calcula con la Ec. 4.24.

$$MLDT_{CC} = \frac{(T_1 - t_2) - (T_2 - t_1)}{Ln\left[\dfrac{T_1 - t_2}{T_2 - t_1}\right]} = \frac{(340 - 230) - (240 - 200)}{Ln\left[\dfrac{340 - 230}{240 - 200}\right]} = 69{,}20°F$$

Iniciando con un intercambiador 1-2, el factor F_T se calcula con las ecuaciones 5.16, 5.17 y 5.18.

$$R = \frac{(T_1 - T_2)}{(t_2 - t_1)} = \frac{(340 - 240)}{(230 - 200)} = 3{,}33 \tag{5.17}$$

$$S = \frac{(t_2 - t_1)}{(T_1 - t_1)} = \frac{(230 - 200)}{(340 - 200)} = 0{,}21 \tag{5.18}$$

$$F_{T1-2} = \frac{\sqrt{(R^2 + 1)}}{(R - 1)} \frac{Ln\left[\dfrac{(1-S)}{(1-RS)}\right]}{Ln\left[\dfrac{2 - S\left(R + 1 - \sqrt{(R^2 + 1)}\right)}{2 - S\left(R + 1 + \sqrt{R^2 + 1}\right)}\right]} \tag{5.16}$$

$$F_{T1-2} = \frac{\sqrt{(3{,}33^2 + 1)}}{(3{,}33 - 1)} \frac{Ln\left[\dfrac{(1 - 0{,}21)}{(1 - 3{,}33 \times 0{,}21)}\right]}{Ln\left[\dfrac{2 - 0{,}21(3{,}33 + 1 - \sqrt{3{,}33^2 + 1})}{2 - 0{,}21(3{,}33 + 1 + \sqrt{3{,}33^2 + 1})}\right]} = 0{,}88$$

Como $F_{T,1-2} > 0{,}75$ se debe seleccionar un intercambiador de un paso por la coraza y dos pasos por los tubos.

$$\Delta Te = F_T\ MLDTcc = 0{,}88 \times 69{,}2 = 60{,}73\ °F.$$

e) Selección de U_D.

En la Tabla A.3.2 se tiene que el rango de U_D para este servicio es de 40 – 75 Btu/hr-pie^2-°F, y seleccionaremos U_D = 75 Btu/hr-pie^2-°F para asegurar la menor área.

f) Calcular área de transferencia de calor. Ec. 5.6

$$A_o = \frac{Q}{U_o \Delta T_e} = \frac{1.728.400}{75 \times 60{,}73} = 379{,}5\ pie^2$$

g) Calcular el número de tubos requerido para el área calculada en f). Ec. 5.4

$$N_T = A / (\pi d_o L) = 379,5/(3,1416 \times (0,75/12) \times 16) = 121 \text{ tubos}$$

h) Seleccionar diámetro de coraza (Tabla A.5).

Revisando la Tabla A.5 se encuentra que para un intercambiador 1– 2, con tubos de 0,75 plg arreglados en cuadro y pitch 1 plg, el diámetro de coraza que permite el número de tubos más cercano a 121 es el de 15,25 con $N_T = 124$ tubos.

i) Nueva área de transferencia para 124 tubos. Ec. 5.4.

$$A = 124_T \times 3,1416 \times (0,75/12) \times 16 = 389,56 \text{ pie}^2$$

j) Nuevo valor de U_D para el área calculada en i). Usar Ec. 5.6.

$$U_D = \frac{Q}{A \Delta T_e} = \frac{1.728.400}{389,56 \times 60,73} = 73,05 \text{ Btu/hr-pie}^2\text{-}^\circ\text{F}$$

k) Coeficientes individuales de transferencia de calor.(Eq. 4.11).

k-1) Coeficnete h_o lado Coraza (Diésel)

Diámetro interno de la coraza.
$D_i = 15,25/12 = 1,27$ pie
Diámtero externo de los tubos = 0,75 plg
Arreglo de los tubos: en cuadro con $P_T = 1$ plg.

Separación entre deflectores

$B = Di / 5 = 15,25/5 = 3,05$ plg

Claro entre tubos $C = P_T\text{-}do$

Area de flujo en la coraza: A_{FC}, (Ec. 5.10)

$$A_{FC} = \frac{D_{ic}}{P_T} CB = \frac{1,27}{1 \times 144}(1-0,75)3,05 = 0,0808 \text{ pie}^2$$

Flujo de masa $G_C = M / A_{FC}$

$G_C = 29.800/0,0808$

$G_C = 368.812 \text{ lb/hr-pie}^2$

Diámetro equivalente arreglo Cuadrado

$$D_e = \frac{4P_T^2 - \pi d_o^2}{\pi d_o} \quad \text{(Eq. 5.12)}$$

$$D_e = \frac{4 \times 1^2 - \pi 0,75^2}{\pi 0,75 \times 12} = 0,07916$$

De = 0,07916 pie

Propiedades del Diesel a temperatura promedio. T_b (Apéndice A.6)

T_b = 290 °F
Densidad ρ, 47,22 lb/pie^3
Capacidad Calorífica C_P, calorífica, 0.58 Btu/lb-°F
Viscosidad μ, 1.61 lb/pie-hr
Conductividad k, 0.074 Btu/hr-pie-°F

Módulo de Reynold, Re = $G_C De/\mu$=368.812x0.07916/1,61=18.134

Módulo de Prandlt, Pr=$\mu C_P/k$=1,61x0,58/0,074= 12,61

Módulo de Nusselt, $Nu_o = \frac{h_o D_e}{k}$ = 0,36 $Re^{0,55} Pr^{0,333} \Phi_o$

$Nu_o = \frac{h_o D_e}{k}$ =184xΦ_o

$\frac{h_0}{\phi_o}$ = = 172,30 Btu/hr-pie^2-°F

k-2) Coeficiente h_{io} dentro de los tubos (Nafta)

Especificaciones de los tubos:
Longitud de un tubo L, 16 pie
Diámetro exterior d_o, 0,75 plg
Diámetro interior d_i. 0,62 plg
Área superficial exterior =3,1416x(0,75/12)x16 = 3,1416 pie^2 por tubo
Área de flujo por tubo = A_{FT}= $\pi d_i^2/4$=3,1416x(0,62/12)2/4= 0,00209 pie^2
Número de tubos 124
Número de pasos por los tubos: 2
Número de Tubos por paso N_{TP}= 124/2 = 62
Área de flujo por un tubo A_{Ft}=($\pi d_i^2/4$) 0,00209 pie^2
Área de flujo por paso=$A_{FT}N_T/N_P$
A_{FT}= 0,00209x124/2 = 0,13 pie^2
Flujo de masa por los tubos G_T = m / A_{FT} = 104.751 / 0,13 = 805.780 lb/hr-pie^2

Propiedades de los fluidos a temperatura promedio. (Apéndice A.6)

t_b= 215 °F
Densidad ρ, = 46,80 lb/pie^3
Capacidad Calorífica c_P, 0.55 Btu/lb-°F
Viscosidad μ, 1.53 lb/pie-hr
Conductividad k, 0.079 Btu/hr-pie-°F

Re = $G_T$di/ μ = 805.780x0,62 / (12x1,53)= 27.210

Pr = 1,53x0,55/0,079= 10,65

$$Nu_i = \frac{h_i d_i}{k} = 0,027\ Re^{0,8}\ Pr^{0,333}\ \Phi_i$$

$$Nu_i = \frac{h_i d_i}{k} = 209,70\ x\Phi_i$$

$$\frac{h_i}{\phi_i} = 320,6\ Btu/hr\text{-}pie^2\text{-}°F =$$

$$\frac{h_{io}}{\phi_i} = \frac{h_i}{\phi_i} x \frac{d_i}{d_o} = 320,6x\frac{0,62}{0,75} = 265,06\ Btu/hr\text{-}pie^2\text{-}°F$$

Temperatura de pared, t_w (Ec. 4.19)
$$t_w = 290 - \frac{265}{265+172}(290-215) = 244,5\ °F$$

A 258,65 °F, μ_o = 2,05 lb/hr-pie   A 258,65 °F, μ_i = 1,124 lb/hr-pie

Φ_o= $(\mu/\mu_w)^{0,14}$ =$(1,61/2,05)^{0,14}$=0,97 Φ_i =$(\mu/\mu_w)^{0,14}$=$(1,57/1,124)^{0,14}$=1,04

$h_0 = \frac{h_o}{\phi_o} x\phi_o = 172,30x0,97 = 167,13$ $h_{io} = \frac{h_{io}}{\phi_i} x\phi_i = 265,06x1,044 = 276,72$

l) Coeficiente global de transferencia de calor limpio UC. (Ec. 4.22).

$$U_C = \frac{h_{io}xh_o}{h_{io}+h_o} = \frac{276,72x167,13}{276,72+167,13} = 104,20\ Btu/hr\text{-}pie^2\text{-}°F$$

Como U_C > U_D, (104,20 > 73,05), entonces continuar con el cálculo de caida de presión. Si hubiera sido menor, se se supone un nuevo U_D menor al claculado en j) y se reinicia el cálculo.

m) Caída de presión.

m-1) En la coraza (Diésel)

Re = 18.134

Factor de fricción   Ec. 5.28

$$f = \frac{1,7626}{Re^{0,1914}} = \frac{1,7626}{18.134^{0,1914}} = 0,2698$$

Número cruces N+1=L/B

N + 1 = 16/(3,05/12) = 63

Corrección de viscosidad , Φ_C= 0,97

$$\Delta P_C = \frac{fG_C^2 D_{ic}(N+1)}{12,02 \times 10^{10} \rho D_e \phi_C} = \frac{0,2698 \times 368.812^2 \times 1,27 \times 63}{12,02 \times 10^{10} 47,2 \times 0,0976 \times 0,96} = 5,22 psi$$

Caida en la Craza ΔP_C = 5,22 psi

m-2) En los tubos (Nafta)

Re = 27.210

Factor de fricción   Ec. 5.33

$$f = \frac{0,4468}{Re^{0,263}} = \frac{0,4468}{26.517^{0,263}} = 0,0306$$

Velocidad en los tubos v = G_T/ρ

v = 805780/(46,8x3600) = 4,8 pie/seg

Corrección de viscosidad Φ_T =1,044

$$\Delta P_T = \frac{fG_T^2 N_P L}{12,02 \times 10^{10} \rho d_i \phi_T} \quad \text{(Ec. 5.26)}$$

$$\Delta P_T = \frac{0,0306 \times 805.780^2 \times 2 \times 16}{12,02 \times 10^{10} \times 46,8 \times 0,0516 \times 1,046} = 2,1 \text{ psi}$$

$$\Delta P_r = \left(\frac{4N_P}{\gamma}\right)\left(\frac{v^2}{64,4}\right) \quad \text{Ec. (5.29)}$$

$$\Delta P_r = \left(\frac{4 \times 2}{46,8/62,4}\right)\left(\frac{4,8^2}{64,4}\right) = 3,82 \text{ psi}$$

Caída total en los tubos= $\Delta P_T + \Delta P_r = 5,92$ psi

En ambos casos no se supera la caida de presión permitida de 10 psi..

n) Calcular factor R_D. Ec. 4.23.a.

$$R_D = \frac{U_C - U_D}{U_C U_D} = \frac{104,20 - 73,05}{104,20 \times 73,05} = 0,004 \text{ hr-pie}^2\text{-}^oF$$

Como el $R_D = 0,004$ calculado es menor que el requerido por el proceso, $R_D = 0,005$, entonces suponer un nuevo valor de U_D, menor que 73 y repetir nuevamente los cálculos. En este punto se debe tener presente que hay que seleccionar en el rango un valor de U_D que cumpla con los requisitos de diseño y que corresponda a la menor área posible.

Nota: Ojo con este criterio, ya que es totalmente contrario al que se usa cuando se evalúa un intercambiador en operación, en cuyo caso, si el R_D calculado es menor al considerado en el diseño, el equipo puede seguir operando.

o) Nuevo valor de $U_D = 72$ Btu/hr-pie^2-^oF. Repetir cálculos desde f).

Área de transferencia requerida

$$A_o = \frac{Q}{U_D \Delta T_e} = \frac{1.728.400}{72 \times 60,73} = 395,28 \text{ pie}^2$$

Número de tubos requerido

$$N_T = A / (\pi doL) = 389,86/(3,1416 \times (0,75/12) \times 16 = 126 \text{ tubos}$$

De la Tabla A.5, para un intercambiador 1–2, con tubos de 0,75 plg arreglados en cuadro y pitch 1 plg, el diámetro de coraza selecionado es 17,25 plg. Con un n{umero de tubos igual a 166. Aunque el número de tubos mas cercanos a 126 es 124, este no se toma debido a que fué seleccioando anteriomemte y no cumplió con las condiciones de diseño y adiiconalmente, al seleccionarlo, estaríamos disminuyendo en 2 tubos al número requerido.

Nueva área de transferencia para 166 tubos,

$$A = 166 \times 3,1416 \times (0,75/12) \times 16 = 521,5 \text{ pie2}$$

Con este valor del área se reinician los cálculos y mas adelante se muestran los resultados obtenidos cuyo cálculo detallado se deja como ejercicio para el lector.

Nuevo coeficiente U_D.

$$U_D = \frac{Q}{A\Delta T_e} = \frac{1.728.400}{521,5 \times 60,73} = 54,57 \quad \text{Btu/hr-pie}^2\text{-}^\circ F$$

Nuevos h_o y h_{io}.

$$h_o = 145,7 \text{ Btu/hr-pie2-}^\circ F \qquad h_{io} = 223 \quad \text{Btu/hr-pie2-}^\circ F$$

Nuevo U_C

$$U_C = \frac{h_{io} \times h_o}{h_{io} + h_o} = \frac{223 \times 145,7}{223 + 145,7} = 88,12 \qquad \text{Btu/hr-pie}^2\text{-}^\circ F$$

$$U_C = 88,12 > U_D = 54,57$$

Nuevas caídas de presión.

$$\Delta P_C = 4,3 \text{ psi} < 10 \text{ psi}. \qquad \Delta P_C = 1,3 \text{ psi} < 10 \text{ psi}.$$

Nuevo R_D.

$$R_D = \frac{U_C - U_D}{U_C U_D} = \frac{88,12 - 54,57}{88,12 \times 54,57} = 0,0069 \text{ hr-pie}^2\text{-}^\circ F$$

El $R_D = 0,0069$ hr-pie^2-$^\circ$F/Btu calculado es mayor que el requerido por el proceso, $R_D = 0,005$, por lo que se puede detener el cálculo. En la Tabla 5.1 se muestra el resumen de los resultados y en la Tabla 5.2 la Hoja de Datos del intercambiador.

Tabla 5.1. Resultados Ejemplo 5.3. Diseño térmico de un intercambiador Tubos y Coraza			
Carga Térmica	Q	Btu/hr	1.728.400
Área Requerida	Área	pie^2	521,5
Dif. de Temperatura	ΔT_e	$^\circ$F	60,73
Coeficiente Global	U_D	Btu/hr-pie-$^\circ$F	54,57
Pasos Coraza-Tubos			1-2
Tubos por paso	N_{TP}		83
Numero de tubos	N_T		166
Diametro de la Coraza	D_{iC}	plg	17,25
Número Bafles	N		62
Caida de presión Coraza / Tubos	ΔP_A / ΔP_T	psi	4,3 / 1,3

Tabla 5.2. Hoja de Datos del intercambiador Tubos y Coraza (Ejemplo 5.3)				
Cliente: GPO C.A.			Proyecto No. GPO-6-1	
Dirección: Puerto La Cruz			Ref No.	
Localización: Puerto la Cruz			Fecha:	01/01/06
Servicio : Precalentador de Nafta con Diesel			Identificación: E-A01	
Tipo :Tubos y Coraza 1-2			Posición	Horizontal
No Corazas :1	Área/ coraza	521,5	Área Total (pie^2) : 521,5	
Información de Procesos		Lado coraza	Lado tubos	
Fluido		Diésel 35 °API	Nafta 42 ° API	
Flujo lb/hr		29.800,0	104.751	
Vapor		0	0	
Líquido		29.800,0	104.751	
Vapor de agua		0	0	
Gas no condensable		0	0	
Peso Molecular lb/lbmol				
Densidad lb/pie3		47,22	46,86	
Gravedad		0,76	0,75	
Viscosidad lb/hr-pie		1,61	1,53	
Conductividad térmica Btu/hr-pie^2-°F		0,074	0,079	
Capacidad calorífica Btu/lb-°F		0,58	0,55	
Calor latente Btu/lb		----------	------	
Temperatura entrada °F		340	200	
Temperatura de salida °F		240	230	
Presión de operación psi		140	140	
Número de pasos		1	2	
Caída de presiónpermitida psi		10	10	
Factor Ensuciamiento hr-pie^2-°F/Btu		0,003	0,002	
Q Btu/hr	1.728.400	MLDT	69,20	F$_T$ 0,88
U$_C$ /U$_D$ Btu/hr-pie^2-°F	88,12/ 54,57	R$_D$ hr-pie^2-°F/Btu	0,005	
Información Mecánica		Coraza	Tubos	
Presión de diseño / Prueba psi		140	210	
Temperatura de diseño °F		400	400	
Número de Tubos			166	
Longitud pie		16	16	
Diámetro interior plg		17,25	0,62	
Diámetro exterior plg			0,75	
Arreglo / Pitch plg			Cuadrado / 1	
Deflectores		Segmentados	62	
Separación en deflectores plg		3,05		
% Corte %		25		
Material		Acero al carbón	Acero inoxidable	
Comentarios				

Evaluación para Mantenimiento. La evaluación de un intercambiador en operación, permite determinar si ha perdido eficiencia térmica, como producto del incremento de la resistencia R_D por la acumulación progresiva de sucio en ambos lados de la pared del tubo. La presencia del sucio en las paredes de los tubos del intercambiador, tambien afecta la hidráulica ya que la caida de presión tiende a incrementarse ligeramente. En estos casos, un procedimiento de cálculo es el siguiente:

a) Localizar en la Hoja de Datos de diseño del intercambiador la información siguiente: diámetros de la coraza y tubos, separación entre deflectores, pasos por la coraza y tubos; número, longitud, diámetros y arreglo de los tubos, factor de ensuciamiento de diseño. Precisar la información de las variables de operación actual.

b) Calcular la carga térmica actual Q, con la Ec. 5.2, o 5.3.

c) Calcular la diferencia efectiva de temperatura, ΔT_e con la ecuación que corresponda de la Ec. 5.15 a la Ec.5.24.

d) Calcular el coeficiente local h_i con las ecuaciones 4.10, 4.11 o con la Fig. A.1. Si se trata de agua, usar la Ec. 4.12 o la Fig. A.2. Para h_o usar la Ec. 5.9, o la Fig. A.4.

e) Calcular el coeficiente global limpio U_C, con la Ec. 4.22.

f) Calcular el coeficiente global actual de operación U_{Dop} = Q/(A ΔT_e), despejándolo de la Ec.5.1.

g) Calcular el factor de ensuciamiento R_D = (U_C - U_{Dop})/(U_C U_{Dop}).

h) Si R_D calculado en h) es mayor o igual que el considerado por diseño, el equipo necesita mantenimiento y debe recomendarse sacarlo de servicio; de lo contrario, puede continuar operando.

Ejemplo 5.4. Evaluación de un pre calentador en operación. Un intercambiador de tubos y coraza fue diseñado con factor de ensuciamiento de 0,005 hr-pie2-°F/Btu, para precalentar 104.751 lb/hr de nafta (42°API), desde 200°F hasta 230°F, con 29.800 lb/hr de diésel de 35°API que entra a la coraza a 340°F y sale a 240°F. Después de cierto tiempo en servicio, se solicita evaluar el intercambiador, ya que en la salida la temperatura del diésel ha subido hasta 250°F. El intercambiador es de un paso por la coraza y dos pasos por los tubos, con 166 tubos de 16 pie de largo, ¾ plg de diámetro exterior 16 BWG, arreglados en cuadro, con separación centro a centro (pitch) de 1 plg. La coraza es de 17,25 plg de diámetro interior, con deflectores segmentados con 25% de corte, separados de 3,5 plg. Evalúe si el intercambiador debe salir a mantenimiento.

Solución.
a) Datos de proceso condiciones de operación

Variable	Unidad	Diésel 35 °API	Nafta 42 °API
Flujo	lb/hr	29.800	104.751
Temp. Entrada	°F	340	200
Temp. Salida	°F	250	Calcular
Factor R_D	hr-pie^2-°F/Btu	0,005	

b) *Balance de Calor a las condiciones actuales. (Ec 5.3).*

Temperatura promedio del Diésel T_b = (340+250)/2 = 295 °F.

C_P = 0,58 Btu/lb-°F. (Correlaciones Tabla A.6)

$Q = M C_P (T_1 - T_2)$ = 29.800 x 0,58 x (340- 250) = 1.555.560 Btu/hr.

Según la información de diseño, la carga de calor de este equipo es de 1.728.400 Btu/hr, por lo que se observa que está dejando de transferir 172.840 Btu/hr equivalentes al 10% de la carga de diseño.

Temperatura de salida de la Nafta:

$t_2 = t_1 + Q/(m\ c_P)$ = 200 + 1.728.400/(104.751xc_P)

$c_P(t,°API) = 5,51 \times 10^{-4}\ t + 2,23 \times 10^{-3}\ (°API) + 0,3387$

Con la solución simultánea de las dos ecuaciones anteriores se obtiene:

t_2 = 227 °F con un c_P promedio de 0,55 Btu/lb-°F

Temperatura promedio de la Nafta,

t_b = (200 + 227)/2 = 213,5 °F

c) *Diferencia efectiva de temperatura (Eq. 5.15 a 5.18).*

Para la MLDT$_{CC}$, se aplica la Ec. 4.24, para F_T la Ec. 5.16, Ec. 5.17, Ec. 5.18 y para ΔT_e la EC. 5.15.

$$MLDT_{CC} = \frac{(T_1 - t_2) - (T_2 - t_1)}{Ln\left[\dfrac{T_1 - t_2}{T_2 - t_1}\right]} = \frac{(340 - 227 - (250 - 200)}{Ln\left[\dfrac{340 - 227}{250 - 200}\right]} = 77,27°F$$

$$F_{T1-2} = \frac{\sqrt{(R^2 + 1)}}{(R - 1)} \frac{Ln\left[\dfrac{(1 - S)}{(1 - RS)}\right]}{Ln\left[\dfrac{2 - S\left(R + 1 - \sqrt{(R^2 + 1)}\right)}{2 - S\left(R + 1 + \sqrt{R^2 + 1}\right)}\right]} \tag{5.16}$$

$$R = \frac{(T_1 - T_2)}{(t_2 - t_1)} = \frac{(340 - 245)}{(230 - 200)} = 3,33 \tag{5.17}$$

$$S = \frac{(t_2 - t_1)}{(T_1 - t_1)} = \frac{(230 - 200)}{(340 - 200)} = 0,19 \tag{5.18}$$

$$F_{T1-2} = \frac{\sqrt{(3,33^2 + 1)}}{(3,33 - 1)} \frac{Ln\left[\dfrac{(1 - 0,19)}{(1 - 3,33 \times 0,19)}\right]}{Ln\left[\dfrac{2 - 0,19\left(3,33 + 1 - \sqrt{(3,33^2 + 1)}\right)}{2 - 0,19\left(3,33 + 1 + \sqrt{3,33^2 + 1}\right)}\right]} = 0,93$$

$$\Delta T_e = F_T MLDT_{cc} = 0,93 \times 77,27 = 71,86 \tag{5.15}$$

d) Coeficientes individuales de transferencia de calor.(Eq. 4.11).

d-1) Coeficiente h_o lado coraza (Diésel)

Di = 17,25/12 = 1,4375 pie

Arreglo de tubos: cuadrado
Pitch, P_T = 1 plg
Claro entre tubos, C= P_T- do=0,25 plg
Separación entre deflectores B=3,5 plg

Diámetro equivalente para arreglo cuadrado (Eq.5.12)

$$D_e = \frac{4P_T^2 - \pi d_o^2}{\pi d_o}$$

$$D_e = \frac{4 \times 1^2 - \pi 0,75^2}{\pi 0,75 \times 12} = 0,07916 \, pie$$

Área de flujo (Ec.5.10).

$$A_{FC} = \frac{D_{ic}}{P_T} CB = \frac{1,4375}{1 \times 144}(1 - 0,75)3,5 = 0,1048 \, pie^2$$

Flujo por la coraza G_A = M / A_{FC} en lb/hr-pie^2

G_A = 29.800/ 0,1048 = 284.351

Propiedades de l Diesel a temperatura T_b (Correlaciones Tabla A.6.2).

T_b = 295 ºF
Viscosidad μ, 1,55 lb/pie-hr
Densidad ρ, 47,22 lb/pie3
Conductividad k, 0,073 Btu/hr-pie-ºF
Capacidad Calorífica C_P, 0,58 Btu/lb -ºF

Re = $G_A De/μ$ = 284.351x(0,95/12)/1,55=14.485

Pr=$μC_P/k$ = 1,6104x0,58/0,074= 12,62

$$Nu_o = \frac{h_o D_e}{k} = 0,36\, Re^{0,55}\, Pr^{0,333} \Phi_o$$

$$Nu_o = \frac{h_o D_e}{k} = 161,53 x \Phi_o$$

$$\frac{h_0}{\phi_o} = \; = 149,32\; Btu/hr\text{-}pie^2\text{-}ºF$$

d-2) Coeficiente hio en los tubos (Nafta)

Número de tubos: N_T=166

di = 0,62/12 = 0,05166 pie
do = 0,75/12 = 0,0625 pie

Número de pasos: N_P=2

Tubos/paso, N_{TP} = N_T / N_P=166/2=83

Área de flujo por paso
$$A_{FT} = (\pi d_i^2 / 4) x N_{TP}$$
A_{FT} = 0,174 pie^2

Flujo G_T=m/A_{FT} lb/hr-pie^2
G_T=104.751/0,174 =602.017

Propiedades de la Nafta a t_b (Correlaciones Tabla A.6.2).

t_b = 213,5 ºF
Viscosidad, 1,54 lb/pie-hr
Densidad ρ, 46,79 lb/pie3
Conductividad μ, 0,079 Btu/hr-pie-ºF
Capacidad calorífica C_P 0,55 Btu/lb -ºF

$Re = G_T x d_i / \mu = 602.017 x 0,0517 / 1,54 = 20.211$

$Pr = 1,53 x 0,5542 / 0,079 = 10,73$

$Nu_i = \dfrac{h_i d_i}{k} = 0,027\ Re^{0,8}\ Pr^{0,333}\ \Phi_i$

$Nu_i = \dfrac{h_i d_i}{k} = 165,7\ x\Phi_i$

$\dfrac{h_i}{\phi_i} = 253,30\ \text{Btu/hr-pie}^2\text{-}^\circ F =$

$\dfrac{h_{io}}{\phi_i} = \dfrac{h_i}{\phi_i} x \dfrac{d_i}{d_o} = 253,30 x \dfrac{0,62}{0,75}$

$\dfrac{h_{io}}{\phi_i} = 209,39 \quad \text{Btu/hr-pie}^2\text{-}^\circ F$

Temperatura de pared, t_w (Ec 4.19)

$t_w = 295 - \dfrac{209,39}{209,39 + 149,32}(295 - 213,5) = 247,4\ ^\circ F$

A 247,4 °F, $\mu_o = 2,21$ lb/hr-pie   A 247,4 °F, $\mu_i = 1,23$ lb/hr-pie

$\Phi_o = (\mu/\mu_w)^{0.14} = 0,95$ $\Phi_i = (\mu/\mu_w)^{0.14} = 1,03$

$h_0 = \dfrac{h_o}{\phi_o} x \phi_o = 149,32 x 1,03 = 141,85$ $h_{io} = \dfrac{h_{io}}{\phi_i} x \phi_i = 209,39 x 1,03 = 215,7$

e) Coeficiente global de transferencia de calor U_C. (Ec. 4.22).

$$U_C = \dfrac{h_{io} x h_o}{h_{io} + h_o} = \dfrac{215,7 x 141,85}{215,7 + 141,85} = 86\ \text{Btu/hr-pie}^2\text{-}^\circ F$$

f) Area de transferencia de calor instalada, (Ec. 5.4)

$A = 166_T x 3,1416 * (0,75/12) * 16 = 521,5\ \text{pie}^2$

g) Coeficiente global U_D. (Ec. 5.6).

$$U_D = \frac{Q}{Ax\Delta T_e} = \frac{1.555.560}{521,5x71,86} = 41,5 \, \text{Btu/hr} - \text{pie}^2 - {}^\circ F$$

h) Factor de ensuciamiento R_D en operación, Ec 4.23.a.

$$R_D = \frac{U_C - U_D}{U_C U_D} = \frac{86 - 41,5}{86x41,5} = 0,0125 \, \text{hr-pie}^2\text{-}{}^\circ F$$

Como R_D calculado, 0,0125 es mucho mayor que el de diseño, 0,005, entonces debe recomendarse sacarlo de servicio para su mantenimiento. Los resultados se resumen en la Tabla 5.3.

Para ilustar la magnitud del impacto del valor de U_D = 41,5, en este punto es razonable estimar cual sería el área requerida para que el intercambiador transfiera la carga de calor de diseño, Q=1.728.400 Btu/hr con la MLDT de diseño, 60,98 °F.

$$A_{Req} = \frac{Q}{U_D \Delta T_{cc}} = \frac{1.728.400}{41,5x60,89} = 684 \, \text{pie}^2$$

Como se observa, el proceso requiere que el intercambiador tenga un área adicional de 162,5 pie^2 equivalente a un 31,2 % del área instalada.

Tabla 5.3. Resultados Ejemplo 5.4. Evaluación de un Tubo y Coraza en servicio			
Carga Térmica Diseño / Actual	Q	MBtu/hr	1.728,4/1.555,56
Área de Transferencia Diseño/Req. Actual	A	pie^2	521,5/ 684
Dif. de Temperatura Diseño/Actual	ΔT_e	°F	60,89 / 71,28
Coeficiente Global Diseño/ Actual	U_D	Btu/hr-pie^2-°F	54,57 / 41,5
Factor de Suciedad Diseño/Actual	R_D	hr-pie^2-°F/Btu	0,005 / 0,0125

Evaluación para incremento de carga. Desde el punto de vista de procesos, cuando a un intercambiador de calor en servicio se piensa incrementarle la carga, se debe determinar si el área instalada es capaz de manejar ese incremento y si los incrementos en la caída de presión, no sobrepasan los límites permitidos por el circuito hidráulico y los valores de diseño para resguardar su integridad mecánica. Si una de estas condiciones no se cumplen, entonces se concluye que el intercambiador no podrá manejar el incremento de carga. Un procedimiento para esta evaluación es el siguiente:

a) Localizar la hoja de datos de diseño del intercambiador. Precisar la información de los incrementos en las variables de operación: temperatura, presión y flujo de los fluidos frío y caliente.
b) Calcular la nueva carga térmica Q, con la Ec. 5.3.
c) Calcular la Diferencia Efectiva de Temperatura, Ec. 5.15
d) Calcular el coeficiente local h_i con las ecuaciones 4.10, 4.11 o con la Fig. A.1. Si se trata de agua, usar la Ec. 4.12 o la Fig. A.2. Para h_o usar la Ec. 5.9, o la Fig. A.4.
e) Calcular el coeficiente global limpio U_C, con la Ec. 4.22.
f) Calcular el nuevo coeficiente global $1/U_D = 1/U_C + R_D$. Ec. 4.23
g) Calcular el área de transferencia requerida $A = Q/(U_D \Delta T_e)$.
h) Si el área requerida calculada en h) es menor o igual a la instalada, $A = (\pi d_o L) N_T$, Ec. 5.4, entonces térmicamente el intercambiador si podrá manejar el incremento de carga.
i) Calcular la caída de presión en ambos fluidos, con las ecuaciones 5.26, 5.29 y 5.31. Si estas caídas son menores que las permitidas, entonces desde el punto de vista hidráulico, el intercambiador si podrá manejar el incremento de carga.
j) Para recomendar si el intercambiador puede utilizarse, es necesario que se cumplan las dos condiciones anteriores.

Ejemplo 5.5. Evaluar un intercambiador para Incremento de carga.
Un intercambiador de tubos y coraza fue diseñado para precalentar 104.751 lb/hr de Nafta (42°API), desde 200°F hasta 230°F, con 29.800 lb/hr de Diésel (35°API) que entra a la coraza a 340°F y sale a 240°F. El intercambiador es de un paso por la coraza y dos pasos por los tubos, con 166 tubos de 16 pie de largo, ¾ plg de diámetro exterior 16 BWG, arreglados en cuadro, con separación centro a centro (pitch) de 1 plg. La coraza es de 17,25 plg de diámetro interior, con deflectores segmentados con 25% de corte, separados de 3,05 plg. El factor de ensuciamiento considerado en el dieño es de de 0,003 hr-pie^2-°F/Btu por la coraza y 0,002 hr-pie^2-°F/Btu por los tubos y la caída de presión permitida es de 10 psi tanto en los tubos como en la coraza. Si se mantienen los mismos rangos de temepratura en ambas corrientes, ¿cuál es el máximo flujo de Nafta que puede recibir este intercambiador, y cuanto diésel se requiere?

Solución.

En este caso se procede a incrementar el flujo de nafta y en cada incremento se calcula el área de transferencia requerida y se compara con el área instalada. El flujo máximo será aquel para el cual el área calculada sea ligeramente superior a la instalada.

a) Datos de proceso

Variable	Unidad	Diésel	Nafta
Flujo	lb/hr	29.800	104.751
Temp. entrada	°F	340	200
Temp. salida	°F	240	230
Factor R_D	hr-pie^2-°F/Btu	0,005	

Propiedades a temperatura promedio (Tabla A.6.2)

Propiedad	Unidad	Diésel	Nafta
Temp. Promedio	°F	290	215
Grav. Especifica		0,76	0,75
Densidad	lb/pie^3	47,22	46,86
Capac. Calorífica	Btu/lb-°F	0,5800	0,55
Viscosidad	lb/pie-hr	1,61	1,53
Conduc.Termica	Btu/hr-pie-°F	0,074	0,079

Consideremos un incremento de 20% en el flujo de Nafta, es decir que el nuevo flujo de Nafta será de 125.701 lb/hr.

Información de los tubos.

Número de tubos 166
Longitud, pie 16
Diámetro exterior do, plg. 0,75
Diámetro interior di plg. 0,62
Arreglo en cuadro Pitch plg. 1,00

Área superficial exterior Ao_T= πdoL= 3,1416 x (0,75/12) x 16 = 3,1416 pie^2 por tubo
Área de flujo por tubo A_{FT}= πd$_i^2$/4 = 3,1416 x (0,62/12)^2/4= 0,0021 pie^2 por tubo

b) Balance de Calor (Ec. 5.3).

Flujo de Nafta, m = 125.701 lb/hr.

$$Q = m\, C_P\, (t_2 - t_1) = 125.701 \times 0,55 \times (230 - 200) = 2.077.838 \text{ Btu/hr.}$$

Flujo de Diésel requerido,

$$M = Q / (C_P(T_1 - T_2)) = 2.077.838 /(0,58 \times 100) = 35.825 \text{ Lb/hr.}$$

c) Diferencia efectiva de temperatura (Eq. 5.15).

Para la MLDT$_{CC}$, se aplica la Ec. 4.24, para F_T la Ec. 5.16, Ec. 5.17, Ec. 5.18 y para ΔT_e la EC. 5.15.

$$MLDT_{CC} = \frac{(T_1 - t_2) - (T_2 - t_1)}{Ln\left[\dfrac{T_1 - t_2}{T_2 - t_1}\right]} = \frac{(340 - 230) - (240 - 200)}{Ln\left[\dfrac{340 - 230}{240 - 200}\right]} = 69,20° F$$

$$F_{T1-2} = \frac{\sqrt{(R^2 + 1)}}{(R - 1)} \frac{Ln\left[\dfrac{(1 - S)}{(1 - RS)}\right]}{Ln\left[\dfrac{2 - S\left(R + 1 - \sqrt{(R^2 + 1)}\right)}{2 - S\left(R + 1 + \sqrt{R^2 + 1}\right)}\right]}$$ (5.16)

$$R = \frac{(T_1 - T_2)}{(t_2 - t_1)} = \frac{(340 - 240)}{(230 - 200)} = 3,33$$ (5.17)

$$S = \frac{(t_2 - t_1)}{(T_1 - t_1)} = \frac{(230 - 200)}{(340 - 200)} = 0,21$$ (5.18)

$$F_{T1-2} = \frac{\sqrt{(3,33^2 + 1)}}{(3,33 - 1)} \frac{Ln\left[\dfrac{(1 - 0,21)}{(1 - 3,33x0,21)}\right]}{Ln\left[\dfrac{2 - 0,21\left(3,33 + 1 - \sqrt{(3,33^2 + 1)}\right)}{2 - 0,21\left(3,33 + 1 + \sqrt{3,33^2 + 1}\right)}\right]} = 0,88$$

$$\Delta T_e = F_T MLDT_{cc} = 0,88x69,20 = 60,89$$ (5.15)

d) Coeficientes individuales de transferencia de calor.(Eq. 4.11).

d-1) Coefciente h_o lado coraza (Diésel)

Diámetro de la coraza
Di = 17,25/12 = 1,4375 pie

Arreglo de tubos: cuadrado
Pitch, P_T = 1 plg
Claro entre tubos, C= P_T- do
C=0,25 plg

Separación entre deflectores
B=3,5 plg

Diámetro equivalente (Eq.5.12)

$$D_e = \frac{4P_T^2 - \pi d_o^2}{\pi d_o}$$

$$D_e = \frac{4x1^2 - \pi0,75^2}{\pi0,75x12} = 0,07916 \text{ pie}$$

Área de flujo (Ec.5.10).

$$A_{FC} = \frac{D_{ic}}{P_T}CB$$

$$A_{FC} = \frac{17,25}{1x144}0,25x3,5 = 0,1048 \text{ pie}^2$$

Flujo G_A = M / A_{FA} = 35.825/ 0,1048 = 341.842 en lb/hr-pie^2

Propiedades del Diésel T_b (Correlaciones Tabla A.6.2).

T_b = 290ºF
Viscosidad μ, 1,61 lb/pie-hr
Densidad ρ,   47,22 lb/pie3
Conductividad k, 0,074 Btu/hr-pie-ºF
Capacidad Calorífica C_P, 0,58 Btu/lb -ºF

Re = G_ADe/μ =341.842x(0,07916)/1,61=16.807

Pr=μC_P/k = 1,6104x0,58/0,074= 12,62

$$Nu_o = \frac{h_oD_e}{k} = 0,36 \ Re^{0,55} \ Pr^{0,333}\Phi_o$$

$$Nu_o = \frac{h_oD_e}{k} = 176,63x\Phi_o$$

$$\frac{h_0}{\phi_o} = \ = 165,2 \text{ Btu/hr-pie}^2\text{-ºF}$$

d-2) Coeficiente h_{io} en los tubos (Nafta)
Diamteros de los tubos
d_i = 0,62/12 = 0,05166 pie
d_o = 0,75/12 = 0,0625 pie

Número de tubos: $N_T=166$
Número de pasos: $N_P=2$
Tubos/paso, $N_{TP} = N_T / N_P = 166/2 = 83$

Área de flujo por paso
$$A_{FT} = (\pi d_i^2 / 4) x N_{TP}$$
$$A_{FT} = 0,174 \ pie^2$$

Flujo $G_T = m/A_{FT} = 125.701/0,174 = 722.420 \ lb/hr\text{-}pie^2$

Propiedades de la Nafta a t_b (Correlaciones Tabla A.6.2).

t_b = 215 ºF
Viscosidad μ, 1,53 lb/pie-hr
Densidad ρ,   46,80 lb/pie3
Conductividad k, 0,079 Btu/hr-pie-ºF
Capacidad Calorífica c_P 0,55 Btu/lb -ºF

Re = $G_T x d_i / \mu = 722.420 x 0,0517/1,53 = 24.411$

Pr = $1,53 x 0,5542/0,079 = 10,73$

$$Nu_i = \frac{h_i d_i}{k} = 0,027 \ Re^{0,8} \ Pr^{0,333} \ \Phi_i$$

$$Nu_i = \frac{h_i d_i}{k} = 192,37 \ x \Phi_i$$

$$\frac{h_i}{\phi_i} = 293,95 \ Btu/hr\text{-}pie^2\text{-}ºF$$

$$\frac{h_{io}}{\phi_i} = \frac{h_i}{\phi_i} x \frac{d_i}{d_o} = 293,95 x \frac{0,62}{0,75} = 243 \quad Btu/hr\text{-}pie^2\text{-}ºF$$

Temperatura de pared, t_w (Ec 4.19.a)

$$t_w = 215 + \frac{165,2}{243 + 165,2}(290 - 215,) = 245,3 \ ºF$$

A 245,3,7 ºF, μ_o = 2,24 lb/hr-pie   A 245,3 ºF, μ_i = 1,25 lb/hr-pie

$\Phi_o = (\mu/\mu_w)^{0.14} = 0,95$ $\Phi_i = (\mu/\mu_w)^{0.14} = 1,03$

$$h_0 = \frac{h_o}{\phi_o} x \phi_o = 165,2 x 0,95 = 156,94 \qquad h_{io} = \frac{h_{io}}{\phi_i} x \phi_i = 243 x 1,03 = 250,29$$

e) Coeficiente global de transferencia de calor limpio U_C. (Ec. 4.22).

$$U_C = \frac{h_{io} x h_o}{h_{io} + h_o} = \frac{250,29 x 156,94}{250,29 + 156,94} = 96,46 \quad \text{Btu/hr-pie}^2\text{-}^\circ\text{F}$$

f) Coeficiente global U_D, Ec. 4.23.

$$R_D = 0,005$$

$$1/ U_D = 1/U_C + R_D = 1/ 96,46 + 0,005$$

$$U_D = 65 \text{ Btu/hr-pie2-}^\circ\text{F}$$

g) Área requerida por el incremento de carga.

$$A = Q / (U_D \times \Delta Te)$$

$$A = 2.077.838 / (65 \times 60,89) = 525 \text{ pie}^2$$

h) El intercambiador no puede con el incremento de 20% en el flujo de Nafta, ya que requiere un área mayor que la instalada (525 >521,5 pie^2). Para ecncontrar el flujo máximo de Nafta que puede manejar el intercambiador, repetimos el cálculo con incrementos de flujo de Nafta menores al 20%, y en base a lo cercano que está el área calculada del área instalada, se recomienda tomar incrementos ligeramente inferioers al 20%.

En la Tabla 5.4. se muestra un resumen de cálculo para el flujo de Nafta para incrementos de 16%, 18%, 19% y 20% en el flujo original de Nafta.

Tabla 5.4. Resultados Ejemplo 5.5. Evaluar un intercambiador Tubos y Coraza para incremento de carga					
	%Incremento	16	18	19	20
Nafta m	lb/hr	121.511	123.606	124.654	125.701
Diesel M	lb/hr	34.631	35.228	35.526	35.825
Q	Btu/hr	2.008.577	2.043.207	2.060.531	2.077.838
U_D	Btu/hr-pie^2-$^\circ$F	64	65	65	65
A	Pie^2	515	516	521	525
$\Delta P_C / \Delta P_T$	psi	5,4 / 1,6	5,7 / 1,7	5,8 / 1,74	6 / 1,8

Se observa que el intercambiador podrá soportar un incremento hasta del 19% del flujo de Nafta de diseño, requiriendo de un 27% adicional de Diesel.

i) Caída de presión con los flujos de Nafta y Diesel de 124.654 lb/hr y 35.526 lb/hr respectivamente.

i-1) En la coraza (Diésel)

Re = 16.249

Factor de fricción Ec. 5.33

$$f = \frac{1,7626}{Re^{0,1914}} = \frac{1,7626}{16.249^{0,1914}} = 0,276$$

Número de cruces N+1 = L/B Ec.5.30

N + 1 = 16/(3,5/12) = 55

Corrección de viscosidad Φ_C = 1,11

Caida de presión en psi Ec. 5.31)

$$\Delta P_C = \frac{fG_C^2 D_{ic}(N+1)}{12,02 \times 10^{10} \rho D_e \phi_C} = \frac{0,276 \times 330.448^2 \times (17,25/12) \times 55}{12,02 \times 10^{10} 47,16 \times 0,07916 \times 0,95} = 5,5 \text{ psi}$$

ΔP_C = 5,5 psi

i-2) En los tubos (Nafta)

Re = 23.597

Factor de fricción Ec. 5.28

$$f = \frac{0,4468}{Re^{0,263}} = \frac{0,4468}{27845^{0,263}} = 0,0303$$

Número de pasos, N_P = 2

Longitud de un tubo, L = 16 pies

Velocidad en los tubos v = G_T/ρ

v= 698.339/(46,81 x 3600)

v = 4,14 pie/seg

Corrección de viscosidad $\Phi_T = 1,08$

Caida de presión en psi (Ec. 5.26)

$$\Delta P_T = \frac{fG_T^2 N_P L}{12,02 \times 10^{10} \rho d_i \phi_T} = \frac{0,0303 \times 698.339^2 \times 2 \times 16}{12,02 \times 10^{10} \times 46,8 \times 0,0516 \times 1,03} = 2 \text{ psi}$$

$\Delta P_T = 2$ psi

Pérdida por cambio de dirección

$$\Delta P_r = \left(\frac{4N_P}{\gamma}\right)\left(\frac{v^2}{64,4}\right) \text{ Ec. (5.29)}$$

$$\Delta P_r = \left(\frac{4 \times 2}{46,8/62,4}\right)\left(\frac{4,14^2}{64,4}\right) = 2,7 \text{ psi}$$

Caída total = $\Delta P_T + \Delta Pr$ = 2+2,7= 4,7 psi

En ambos casos no se alcanza la caída de presión permitida de 10 psi

j) Resultado.

El intercambiador podrá precalentar hasta 124.654 lb/hr de Nafta de 200°F hasta 230°F y requerirá de 35.526 lb/hr de Diésel entrando a 340°F y saliendo a 240°F, sin tener que incrementar el área y sin exceder las caídas de presión permitidas.

6. Intercambiadores de enfriamiento con aire.

Con esta identificación se conocen los intercambiadores que emplean el aíre del medio ambiente como fluido frío, para retirarle calor a un fluido caliente que fluye por el interior de un conjunto de tubos. Estos intercambiadores pueden estar destinados a diferentes servicios: a) Enfriar un gas; b) Enfriar un gas y llevarlo hasta condensación; c) Enfriar un gas, condensarlo y llevarlo hasta cierto nivel de sub enfriamiento y d) Enfriar un líquido.

A diferencia del fluido caliente, el aire no está confinado a un conducto y fluye, perpendicular a los tubos, impulsado por un ventilador y canalizado por una cámara abierta a la atmósfera, retornando nuevamente al medio ambiente.

Cuando en una zona determinada, el agua es escasa y el proceso lo permite, obviamente, se debe utilizar aire como medio de enfriamiento, sin embargo, en zonas donde hay disponibilidad de agua, el factor económico es determinante en la selección de uno de estos fluidos como medio de enfriamiento[1].

6.1. Descripción.

De la Fig. 6.1 a la Fig. 6.3, se ilustran en forma esquemática las partes principales de un intercambiador de enfriamiento con aire, las cuale son:

a) Un conjunto de tubos paralelos (horizontales, verticales o inclinados), conocido como banco o haz de tubos, con cabezales en ambos extremos, boquillas de entrada y salida del fluido, instaladas en los cabezales.
b) Un sistema de ventilación mecánica para impulsar el aire perpendicularmente sobre los tubos, conformado por un motor acoplado a un mecanismo reductor de velocidad (correas, cadenas o engranajes) para accionar un eje en cuyo extremo se instalan las aspas para ventilación.
c) Una estructura para proteger y soportar todos estos componentes.

La unidad básica de un enfriador con aire se identifica como bahía, que desde el punto de vista de procesos, es aquella a la que entra una corriente de fluido caliente y sale con temperatura más baja, después de intercambiar calor con aire.

Desde el punto de vista mecánico, es una estructura rectangular, cuyo ancho normalmente está entre 4 pie y 30 pie (1,20 m y 9,1 m), su longitud la determinan los tubos que normalmente están entre 6 pie y 50 pie (1,8 m a 15 m), y puede tener uno o más bancos de tubo, y uno o más ventiladores. La Fig. 6.1 y la Fig. 6.2 muestran los esquemas típicos de elevación y la Fig. 6.3 los esquemas típicos de planta de este tipo de intercambiador.

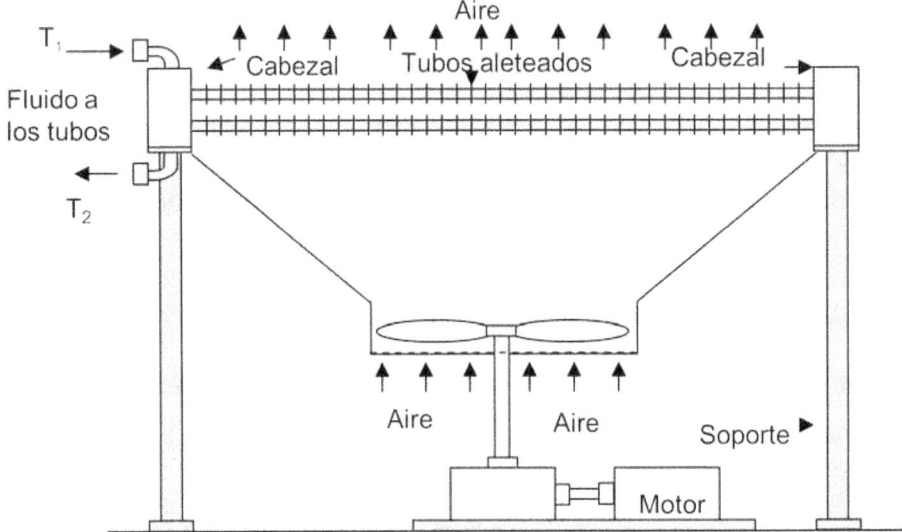

Fig. 6.1. Intercambiador de enfriamiento con aire forzado.

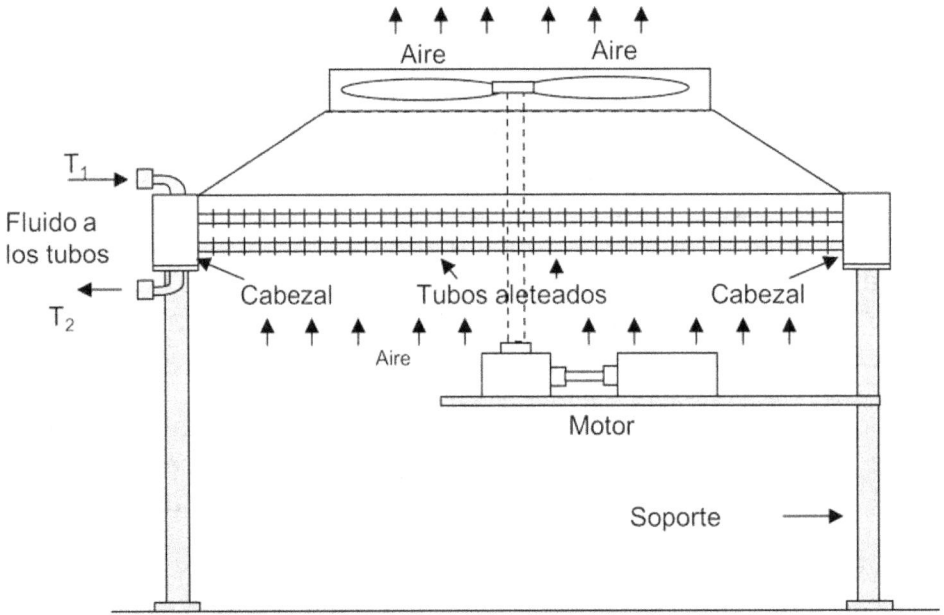

Fig. 6.2. Intercambiador de enfriamiento con aire inducido.

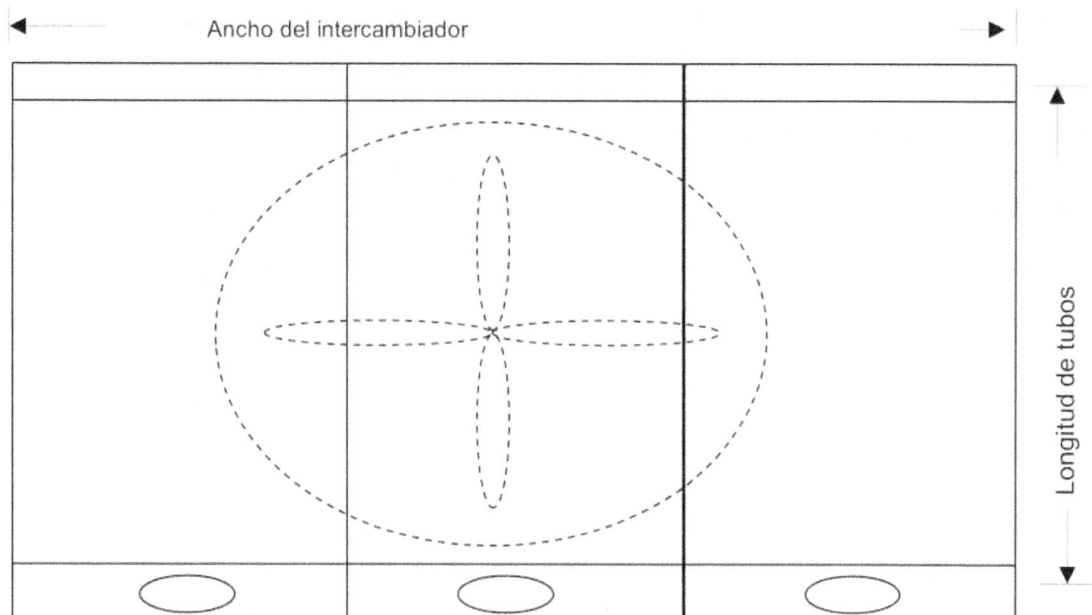

Fig. 6.3.a. Una bahía, tres Banco de tubos y un ventilador.

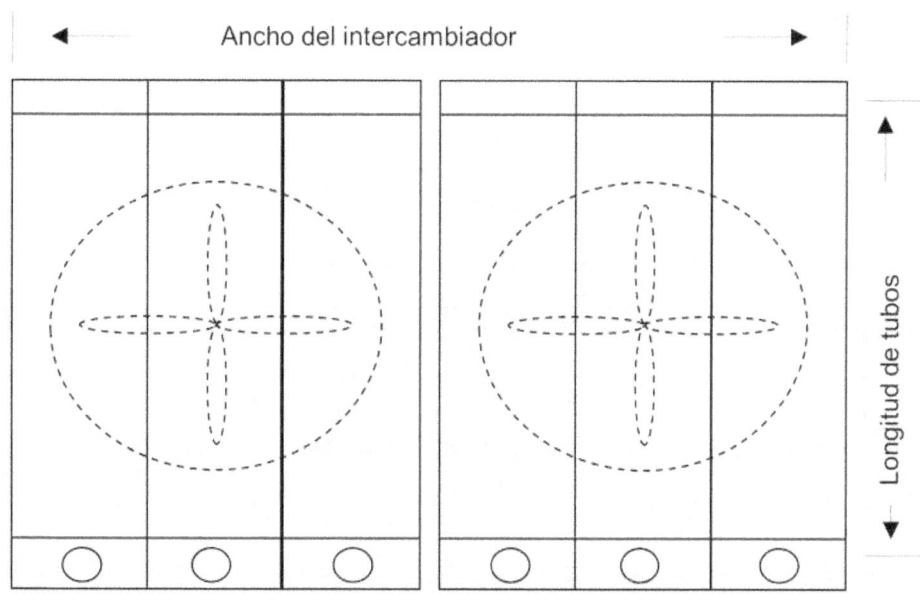

Fig. 6.3.b. Dos bahías, tres bancos de tubo y dos ventiladores

Banco de tubos. En el banco de tubos es donde ocurre la transferencia de calor, y este consiste de un conjunto de tubos, normalmente instalados en arreglo triangular o cuadrado, con longitud entre 6 pie y 50 pie (1,8 m a 15 m) y diámetro externo entre 3/4 de plg y 1 1/2 plg (19,2 mm y 38 mm), a los cuales se le instalan aletas transversales (superficies extendidas), de aluminio u otro material similar, en una proporción de 7 a 11 por pulgada lineal (276 a 433 por metro lineal) cuya altura está entre ½ plg y 1 plg (12,7 mm y 25,4 mm), logrando así un incremento de 15 a 25 veces el área neta de transferencia de calor, referida a la superficie del tubo sin aletas. Por requerimientos de hidráulica y transferencia de calor, los tubos se colocan en filas, de tal manera que la separación entre las puntas de las aletas sea de 1/16 de plg a 1/4 de plg. y que el número de filas de tubos esté entre 3 y 8, siendo el número típico igual a 4 filas. La Fig. 6.4 y la Fig. 6.5 son esquemas típicos de banco de tubos y la Fig. 6.6 muestra detalles de un tubo con aletas y el tipo de arreglo.

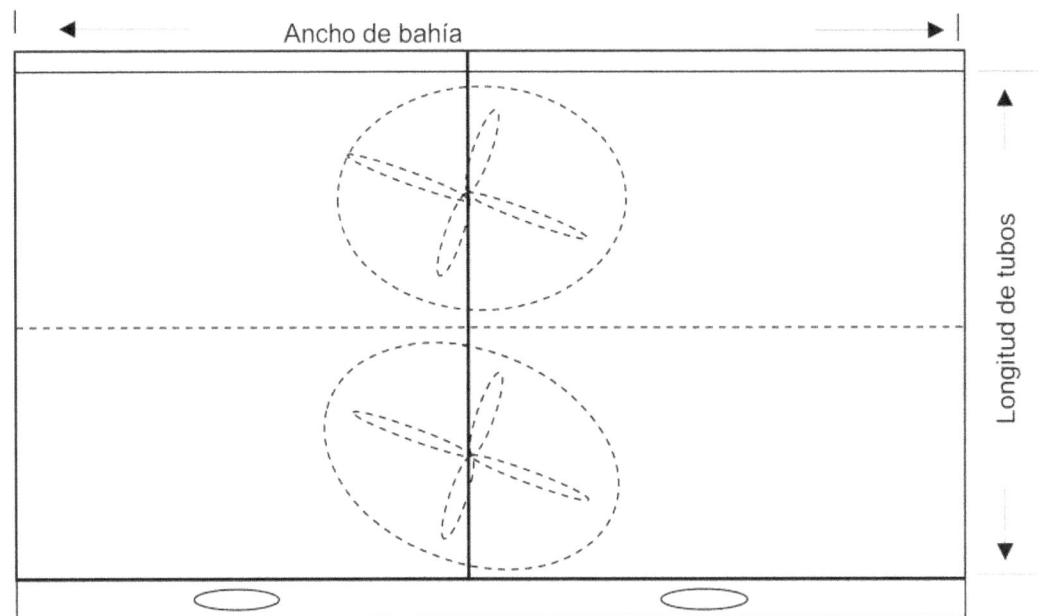

Fig. 6.3.c. Una bahía con dos bancos de tubos y dos ventiladores.

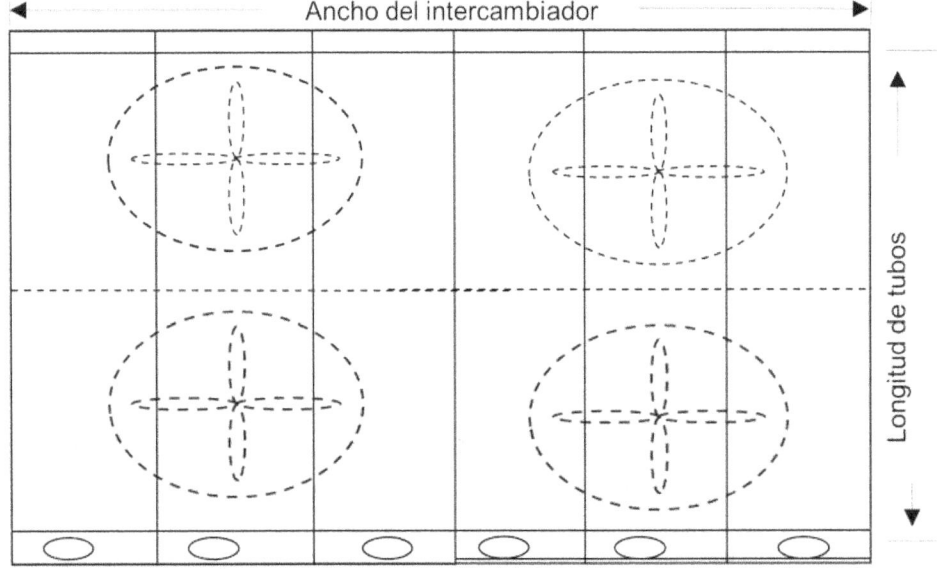

Fig. 6.3.d. Dos bahías cada una con tres bancos de tubo y dos ventiladores

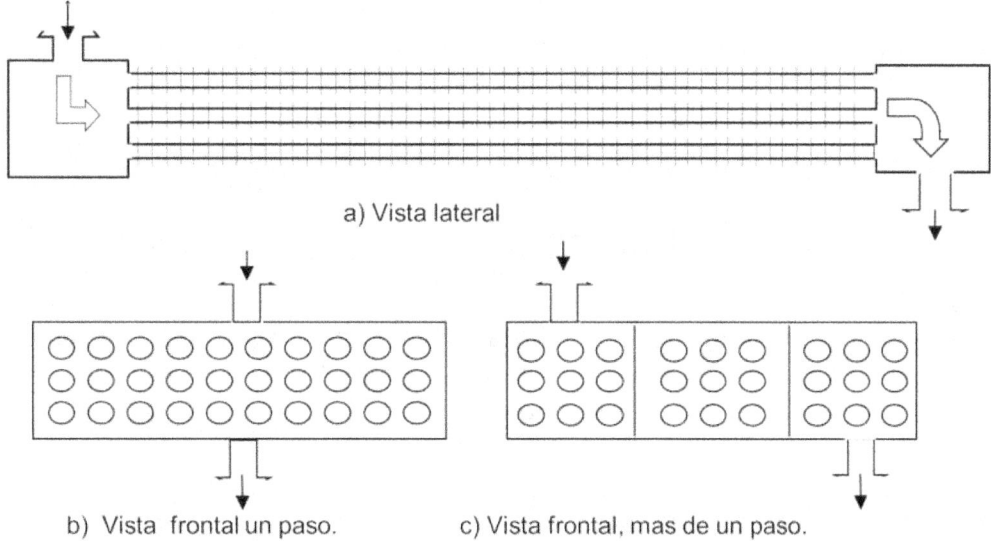

a) Vista lateral

b) Vista frontal un paso.　　　　c) Vista frontal, mas de un paso.

Fig. 6.4. Un banco horizontal de tubo.

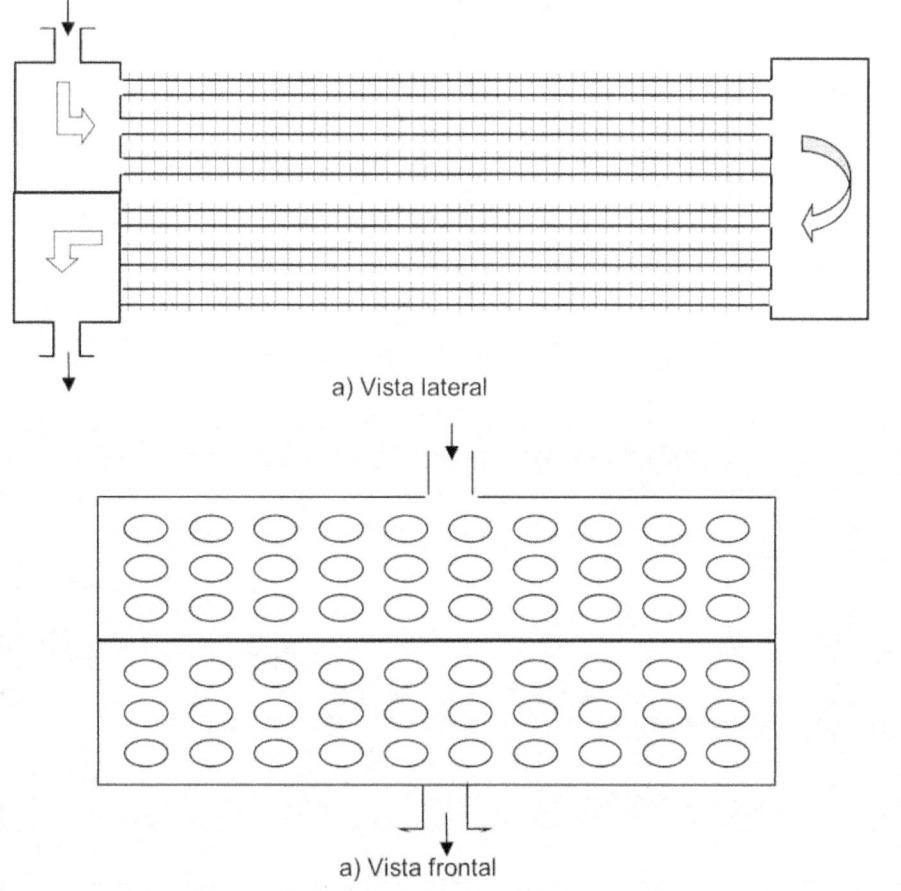

a) Vista lateral

a) Vista frontal

Fig. 6.5. Bancos horizontales, dos pasos superpuestos.

El arreglo típico de los tubos es el triangular, ya que este propicia mayor turbulencia y favorece la transferencia de calor, aunque la caída de presión sea mayor; sin embargo, esto queda compensado con la potencia del ventilador siempre y cuando no sobrepase los límites requeridos por el diseño.

Los tubos más utilizados son los de diámetro exterior de 1 plg (25,4 mm), BWG 14, 15 o 16 cuyos diámetros interiores son 0,834 plg (21,19 mm), 0,856 plg (21,7 mm) y 0,87 pl (22,1 mm). En relación a las aletas las más utilizadas son las de aluminio con altura de 1/2 plg (12,7 mm) o 5/8 plg (15,9 mm) y un número de 9 o 10 aletas por plg, que se identifican como ½ x 9 (12,7 x 9) y 5/8 x 10 (15,9 x 10). Normalmente, la separación entre las puntas de dos aletas adyacentes está entre 1/16 de plg y 1/4 de plg (1,6 mm y 6,4 mm).

Tubos con aletas transversales. Las aletas transversales son las más recomendadas para intercambiadores a flujo cruzado y pueden ser de espesor variable o constante, siendo estas últimas las más utilizadas. La Fig. 6.6.a muestra un tramo de tubo de diámetro exterior D_o, donde se han instalado n_f aletas transversales por unidad de longitud de tubo, con altura h_f, y espesor constante e_f, cuya área expuesta al aire por unidad de longitud de tubo viene dada por A_F^*,

$$A_F^* = n_f \left[\left(\frac{2\pi}{4} \right) \left[(D_o + 2h_f)^2 - D_o^2 \right] + \pi (D_o + 2h_f) e_f \right] \qquad (6.1)$$

$$A_F^* = \pi n_f \left[2h_f (D_o + h_f) + (D_o + 2h_f) e_f \right] \qquad (6.1.a)$$

Adicionalmente, el área exterior expuesta por la sección de esa longitud de tubo que no tiene aletas A_B^*, puede expresarse como,

$$A_B^* = \pi D_o - \pi D_o (e_f n_f) = \pi D_o (1 - e_f n_f) \qquad (6.2)$$

Donde $(e_f n_f)$ D_o es la sección de la longitud del tubo cubierta por la aletas.
El área expuesta al aire por unidad de longitud de tubo es la suma del área de las aletas más la del tubo sin aletas, y se conoce como área extendida A^*_x y viene dada por,

$$A_X^* = A_F^* + A_B^* \qquad (6.3)$$

Por otro lado, referido a la Fig. 6.6.b, el área proyectada A_P^* por unidad de longitud de tubo, basada en dos tubos adyacentes en una fila, con separación entre sus centros igual a P_T, viene dada por,

$$A_P^* = (P_T + D_o + 2h_f) \times 1 \qquad (6.4)$$

El perímetro expuesto P*, por unidad de longitud de tubo viene dada por,

$$P^* = (4hf + 2ef) nf + 2(1 - ef nf) \qquad (6.5)$$

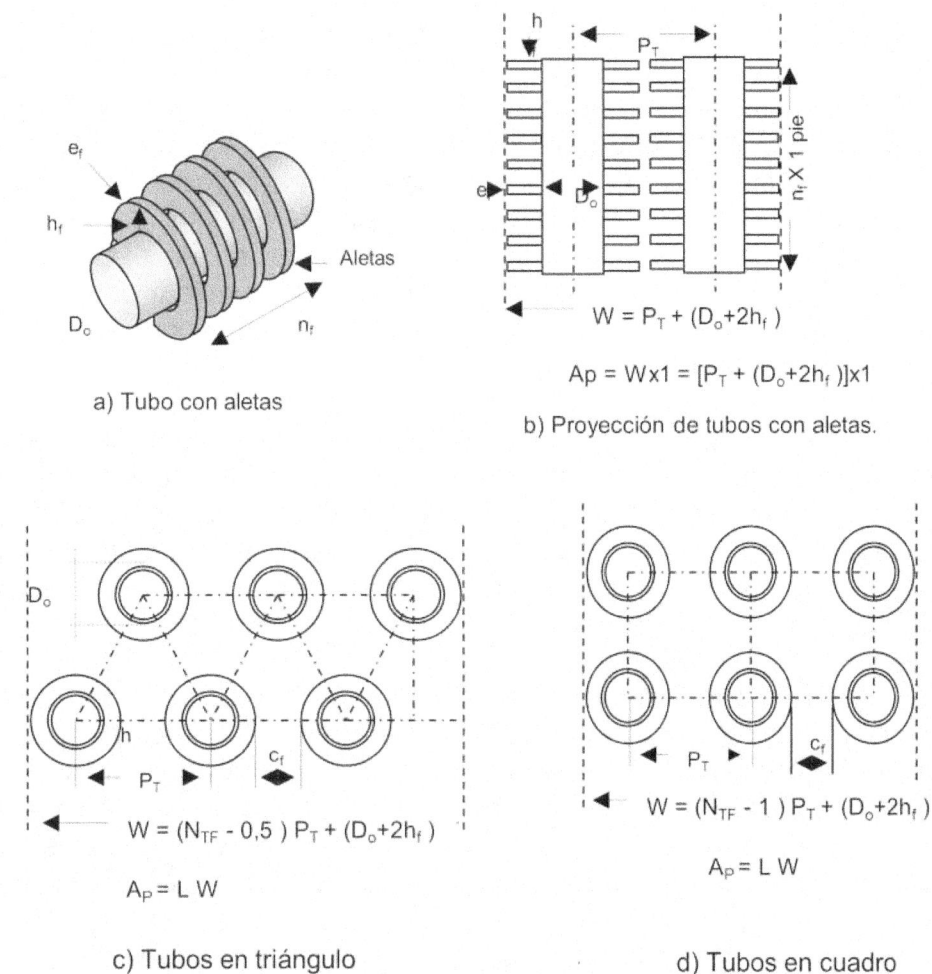

a) Tubo con aletas

$W = P_T + (D_o + 2h_f)$

$Ap = Wx1 = [P_T + (D_o + 2h_f)]x1$

b) Proyección de tubos con aletas.

$W = (N_{TF} - 0,5) P_T + (D_o + 2h_f)$

$A_P = L\,W$

c) Tubos en triángulo

$W = (N_{TF} - 1) P_T + (D_o + 2h_f)$

$A_P = L\,W$

d) Tubos en cuadro

Fig. 6.6. Tubo con aletas y arreglos de tubos.

Las ecuaciones Ec. 6.1 hasta la Ec. 6.5, se han referido a la unidad de longitud de un tubo; sin embargo, cuando los tubos se colocan en filas o hileras, uno al lado del otro, siguiendo un arreglo definido para formar el banco de tubos, lo usual es trabajar en base a la unidad de *superficie plana* formada por una hilera de tubos. En base a esto, una relación muy importante en bancos de tubos, es la que se obtiene entre el área expuesta A^*_x y el área proyectada A^*_p, para una fila, conocida como $RA = 2(A^*_X / A^*_P)$, la cual permite definir las dimensiones del banco. La relación entre área se duplica debido a que se trata de dos tubos adyacentes en una fila, ver Fig. 6.6.b.

En la Tabla A.8 se presentan datos para tubos de ¾ de plg hasta 1½ plg, arreglados en triángulo, con aletas transversales, donde se ha tomado 1 pie como longitud base de tubo.

Sistema de ventilación. Este sistema está conformado por un elemento motriz acoplado a un mecanismo reductor de velocidad (correas, cadenas o engranajes), para accionar un eje en cuyo extremo se instalan las aspas, que al girar succionan aire del medio ambiente y lo impulsan perpendicularmente contra el banco de tubos. El tamaño típico de las aspas es de 3 pie a 28 pie (0,9 m a 8,5 m) de diámetro, aunque normalmente se utilizan de 14 pie a 16 pie (4,3 m a 4,9 m). El elemento motriz puede ser un motor eléctrico, una turbina a vapor, un sistema hidráulico o un motor a combustión interna. La función del reductor de velocidad es acoplar la velocidad de las aspas al flujo de aire requerido en el proceso y puede ser a base de correas o engranajes, siendo lo usual emplear correas con elemento motrices hasta 30 bhp- y engranajes con potencias mayores, aunque se ha limitado la potencia hasta 50 hp.

Normalmente, por razones de seguridad y continuidad operacional, se usan al menos dos ventiladores por bahía y para asegurar buena distribución del aire sobre los tubos, cada ventilador debe tener una cobertura mínima del 40% del área expuesta del banco de tubos al cual sirve, es decir, que la cobertura del ventilador es la relación entre el área proyectada del ventilador y el área expuesta del banco de tubos.

Estructura de soporte. La estructura que soporta todo el intercambiador consta de bases, columnas, plataformas, y la cámara que protege al banco de tubos y es donde entra el aire por efecto de la succión del ventilador. Esta cámara, que es análoga al tubo de mayor diámetro de los intercambiadores de tubos y coraza, es la parte más importante de la estructura, ya que de ella depende que todo el aire que succiona el ventilador fluya perpendicularmente a los tubos, y ocurra el retiro de calor esperado. En regiones de clima muy frío, a la salida de esta cámara se puede instalar un sistema de regulación y control del flujo de aire que sale, para recircular parte del aire y mezclarlo con el que succiona el ventilador, y ajustar la temperatura de entrada.

Ejercicio 6.1. Un enfriador con aire tiene un área total de transferencia de calor extendida A_X de 60.000 pie^2, en un banco de tubos conformado por 4 filas de tubos de 40 pie de longitud y 1 plg de diámetro exterior, BWG 14, con aletas transversales ½ x 9 y espesor 0,0556 plg. Si el arreglo de los tubos es triangular con pitch de 2 plg, calcule: a) El área proyectada b) El ancho del banco de tubos, y d) El número de tubos totales y e) El número de tubos por fila, N_{TF}.

Solución.
a) De la Tabla A.8 o calculando con las ecuaciones Ec. 6.1, Ec. 6.1.a, a Ec 6.4, para tubo de D_o= 1 plg, aletas ½ x 9, arreglado en triángulo con pitch 2 plg, con cuatro filas, la relación entre el área expuesta A_X^* y el área proyectada por el banco de de tubos, RA es,

$$\left(\frac{A_F^* + A_B^*}{A_P^*}\right) = 94,3 \text{ pie}^2 \text{ de área de transferencia / pie}^2 \text{ de área proyectada.}$$

La relación entre el área total de transferencia A_X y el área total proyectada A_P es,

$$A_X = \left(\frac{A_F^* + A_B^*}{A_P^*} \right) A_P$$

Despejando el área proyectada A_P de la ecuación anterior, y sustituyendo valores,

$$A_P = \frac{60.000}{93,9} = 636,27 \quad pie^2$$

b) Las dimensiones del banco son Largo x Ancho, que también es igual al área proyectada total. El largo viene dado por la longitud de los tubos que es igual a 40 pie, entonces el ancho W del banco es,

$$W = \frac{A_P}{L} = \frac{636,27}{40} = 16 \quad pie$$

Finalmente las dimensiones del banco son L x W = 40 x 16.

c) El área total expuesta en el banco es

$$A_X = (A_X^*) \, N_T \, L = (A_F^* + A_B^*) N_T \, L$$

Donde N_T es el número total de tubos.
Con las ecuaciones Ec. 6.1 y Ec 6.2 o de las Tabla A.8,

$$(A_F^* + A_B^*) = 3,93 \quad pie^2 \text{ por pie de tubo.}$$

d) Despejando N_T y reemplazando valores,

$$N_T = \frac{60.000}{3,93 \times 40} = 382 \quad tubos.$$

e) Se tienen 382 tubos distribuidos en 4 filas, $N_F = 4$; entonces el número de tubos por filas, N_{TF} es,

$$N_{TF} = \frac{N_T}{N_F} = \frac{382}{4} = 96 \quad tubos \text{ / fila.}$$

Disposición de flujos. Desde el punto de vista hidráulico y térmico, es de suma importancia la forma como los fluidos se mueven en el intercambiador.

Flujo de aire. En la Fig. 6.1 y la Fig. 6.2, se observa que el aire pasa una vez en flujo cruzado sobre los tubos, descargándolo nuevamente al medio circundante; aunque en las regiones de climas muy fríos, eventualmente se pueda recircular parte del aire tibio con la finalidad de ajustar y controlar la temperatura del aire a la entrada. Cuando el aire cruza el banco de tubos, al pasar de una fila de tubos a otra, se genera turbulencia que propicia cierto grado de mezclado, lo que afecta directamente al gradiente de temperatura entre el aire y el fluido caliente; cuando esto sucede, se dice que existe un *flujo cruzado mezclado*, es decir, que el aire se mezcla al pasar por el banco de tubos. Si se quisiera evitar el mezclado, habría que colocar láminas para dividir y canalizar el flujo de aire en varias secciones sobre los tubos, teniendo así un *flujo cruzado si mezclar*. En base a esto, la disposición del flujo de aire se clasifica en *cruzado mezclado o cruzado sin mezclar*.

La Fig. 6.1 corresponde a un enfriador con *flujo de aire forzado*, que como se observa, el banco de tubo se instala en la descarga de aire del ventilador y la Fig. 6.2 corresponde a un enfriador con *flujo de aire inducido*, con el banco de tubos instalado en la succión del ventilador. La selección entre estos tipos de flujo de aire, es una decisión que se toma por acuerdos entre el propietario y constructor, sin embargo, a continuación se presentan algunas ventajas y desventajas de cada uno de ellos.

Las ventajas del *flujo inducido* son: a) Mejor distribución del aire sobre los tubos; b) Menor posibilidad de recirculación de aire caliente; c) Menor efecto de condiciones ambientales (lluvia, sol, polvo, granizo, etc.) sobre los tubos, ya que estos están cubiertos en un 60%, y c) En caso de fallas del ventilador, se mantendría un bajo flujo de aire por tiro natural.

Las desventajas del *flujo inducido* son: a) Mayor requerimiento de potencia en el motor; b) Se limita el aire a la salida hasta 75°C para prevenir daños a las aspas, rodamientos, correas u otras partes mecánicas; c) Difícil acceso para mantenimiento del ventilador y d) La temperatura del fluido caliente está limitada hasta 175°C.

En relación al *flujo forzado*, sus ventajas son: a) Menor requerimiento de potencia en el motor, ya que el ventilador está del lado del aire frío, y la potencia es directamente proporcional a esta temperatura; b) Fácil acceso para mantenimiento, y c) Fácil adaptación para la recirculación controlada de aire tibio en lugares con clima frío.

Las desventajas del *flujo forzado* son: a) No hay buena distribución de aire sobre los tubos; b) Baja velocidad de descarga del aire caliente, lo que incrementa la posibilidad de que retorne a la succión del ventilador; c) Bajo tiro natural en caso de falla del ventilador y d) Total exposición de los tubos a las condiciones ambientales (lluvia, sol, polvo, granizo, etc.).

Flujo de fluido caliente. La disposición del fluido caliente va a depender de la configuración del banco de tubos. En la Fig. 6.4.b se observa que el fluido entra al cabezal y se distribuye por los tubos saliendo por el cabezal localizado en el otro extremo, haciendo un solo paso, teniendo así un *intercambiador de un paso a flujo cruzado*. También es posible que el fluido haga más de un paso a flujo cruzado, cuando entra por un cabezal y recorre un banco de tubo hasta el cabezal opuesto, donde pasa a otro banco adyacente lateral, desplazándose en sentido contrario hasta el otro extremo para pasar a otro banco y continuar su desplazamiento hasta salir del intercambiador. La Fig. 6.4.c muestra el caso correspondiente a tres pasos adyacentes laterales, que se identifica como tres pasos a flujo cruzado. Otra opción es cuando los bancos se colocan superpuestos y el fluido pasa de un banco a otro, que puede ser del superior al inferior o al contrario, teniendo en este caso al menos dos pasos a flujo cruzado, como se observa en la Fig. 6.5.

6.2. CÁLCULOS TÉRMICOS.

Los cálculos térmicos en el intercambiador consisten en determinar los cuatro factores que conforman la ecuación de Fourier expresada por la Ec. 6.6, es decir, la carga de térmica, Q; y la diferencia efectiva de temperatura ΔT_e; el coeficiente global de transferencia de calor U y el área de transferencia de calor, A.

$$Q = U \, A \, \Delta T_e \tag{6.6}$$

Consideremos un intercambiador de enfriamiento con aire, al que entra un flujo M lb/hr (kg/s) de un fluido caliente con temperatura T_1, presión P_1, y sale a temperatura T_2 y presión P_2. El sistema de ventilación succiona un flujo m lb/hr (kg/s) de aire del ambiente a temperatura t_1 y lo impulsa sobre el banco de tubos, de donde sale a temperatura t_2.

Carga térmica Q. Es la cantidad de energía que el intercambiador está en capacidad de transferir y puede calcularse aplicando la primera ley de la termodinámica a ambos fluidos, que puede expresarse en forma general con la Ec.6.7, en términos de los cambios de entalpía ΔH para el fluido caliente,

$$Q = M \, \Delta H = M \, (H_1 - H_2) \tag{6.7}$$

La situación más general que se puede presentar, es aquella donde el fluido caliente es un gas con entalpía H_{G1}, que se quiere llevar hasta líquido frío con entalpía H_{L2}, y en este caso el cambio de entalpía ΔH puede obtenerse al calcular H_{G1} a P_1 y T_1, y H_{L2} a P_2 y T_2; o con la Ec. 6.8,

$$Q = M \, [C_{PG} \, (T_1 - T_s) + H_{fg} + C_{PL} \, (T_s - T_2)] \tag{6.8}$$

El primer término dentro de los corchetes corresponde al calor sensible que se debe retirar al gas, para enfriarlo desde T_1 hasta la temperatura de saturación T_s; el segundo término, H_{fg} es el calor latente de condensación y el tercero el calor sensible para enfriar el condensado desde T_s hasta T_2. C_{PG} y C_{PL} son las capacidades caloríficas promedio del gas y el líquido, respectivamente. Si solo se trata de enfriar a un líquido, los dos primeros términos dentro del corchete de la Ec. 6.8 son cero. Por el lado del aire, la Ec. 6.7 queda como,

$$Q = m \, \Delta h = m \, C_{PA} \, (t_2 - t_1) \tag{6.9}$$

Donde Δh es el cambio de entalpía en el aire y C_{PA} su capacidad calorífica promedio entre las temperaturas t_2 y t_1. Generalmente, de estas dos temperaturas, la que se conoce es la del aire ambiente identificada como t_1 y para diseño se recomienda usar la temperatura más alta durante el año.

Diferencia efectiva de temperatura, ΔT_e. En base a la disposición de ambos fluidos en el intercambiador, el flujo de aire es del tipo mezclado y el flujo del fluido caliente es no mezclado y por la similitud hidráulica que tiene con la disposición de fluidos en los intercambiadores de Tubos y Coraza, la diferencia efectiva de temperatura se puede calcular con la Ec. 6.10,

$$\Delta T_e = F_T \, MLDT_{cc} \tag{6.10}$$

Donde $MLDT_{cc}$ es la Media Logarítmica de la Diferencia de Temperatura para flujo en contra corriente, expresada por la Ec. 6.11,

$$\Delta T_{CC} = MLDT_{CC} = \frac{(T_1 - t_2) - (T_2 - t_1)}{Ln\left[\dfrac{T_1 - t_2}{T_2 - t_1}\right]} \tag{6.11}$$

F_T es el factor de corrección de temperatura para considerar la ineficiencia de los pasos distintos al contracorriente y puede calcularse con muy buena aproximación, utilizando la Ec. 6.12, que fue deducida para intercambiadores de tubos y coraza, donde el fluido de la coraza cruza perpendicularmente a los tubos tal y como lo hace el aire.

$$F_T = \frac{\sqrt{(R^2+1)}}{(R-1)} \frac{Ln\left[\dfrac{(1-S)}{(1-RS)}\right]}{Ln\left[\dfrac{2 - S\left(R+1-\sqrt{(R^2+1)}\right)}{2 - S\left(R+1+\sqrt{R^2+1}\right)}\right]} \tag{6.12}$$

Donde R es el factor de rango y viene dado por la relación entre el rango de temperatura del fluido caliente, $(T_1 - T_2)$ y el rango de temperatura del fluido frío, $(t_2 - t_1)$. S es el factor de eficiencia del intercambiador, que relaciona el cambio real de temperatura en el fluido frío, $(t_2 - t_1)$, con el máximo cambio que puede tener, $(T_1 - t_1)$. Esto último significa, que la temperatura más alta que teóricamente puede alcanzar el fluido frío, es la temperatura T_1 de entrada del fluido caliente,

$$R = \frac{(T_1 - T_2)}{(t_2 - t_1)} \tag{6.13}$$

$$S = \frac{(t_2 - t_1)}{(T_1 - t_1)} \tag{6.14}$$

Sin embargo, dada la diferencia geométrica y mecánica entre el banco de tubos del enfriador con aire y el haz tubular del tubos y coraza, se han desarrollado varias ecuaciones específicas para los intercambiadores a flujo cruzado[4], siguiendo la misma metodología usada para la Ec. 6.12, y en el caso particular de los enfriadores con aire a flujo cruzado mezclado, se recomienda el uso de la Ec. 6.15

$$F_T = \frac{(T_1 - t_1)S}{MLDT_{cc}Ln\left[\dfrac{R}{R + Ln(1 - RS)}\right]} \qquad (6.15)$$

Combinado la Ec. 6.10 con la Ec. 6.15, la diferencia efectiva de temperatura viene dada por,

$$\Delta T_e = \frac{(T_1 - t_1)S}{Ln\left[\dfrac{R}{R + Ln(1 - RS)}\right]} \qquad (6.16)$$

Se puede corroborar con cálculos, que cuando se tienen 3 o más pasos por los tubos, adyacentes o superpuestos, se puede considerar que $F_T = 1$, sin cometer error apreciable. Para un cálculo rápido de F_T, se pueden utilizar las figuras reportadas en las referencias 3, 4, 13, 32, 34 y 35, sin embargo, al igual que en el caso de los intercambiadores de tubos y coraza, se recomienda utilizar las ecuaciones anteriores para calcular el factor de corrección de temperatura, ya que hay zonas de las figuras, que no permiten leer los valores con precisión.

Ejercicio 6.2. Una corriente de diesel se enfría de 300ºF hasta 250ºF con aire que entra a 100ºF y sale a 140ºF. Calcular la diferencia efectiva de temperatura empleando las ecuaciones 6.12, 6.15 y 6.16. Compare resultados.

Solución.

$T_1 = 300\ ºF \qquad T_2 = 250\ ºF \qquad t_2 = 140\ ºF \qquad t_1 = 100\ ºF$

Aplicando la Ec. 6.11,

$$\Delta T_{cc} = MLDT_{cc} = \frac{(T_1 - t_2) - (T_2 - t_1)}{Ln\left[\dfrac{T_1 - t_2}{T_2 - t_1}\right]} = \frac{(300 - 140) - (250 - 100)}{Ln\left[\dfrac{300 - 140}{250 - 100}\right]} = 154{,}95ºF$$

Aplicando las ecuaciones Ec. 6.13 y Ec. 6.14

$$R = (T_1 - T_2)/(t_2 - t_1) = (300 - 250)/(140 - 100) = 1{,}25$$

$$S = (t_2 - t_1)/(T_1 - t_1) = (140 - 100)/(300 - 100) = 0{,}20$$

Sustituyendo R y S en la Ec. 6.12,

$$F_T = 0,9860$$

$$\Delta T_e = F_T x MLDTcc = 0.9860*154.95 = 152.78°F$$

Sustituyendo R, S y MLDTcc en la Ec. 6.15,

$$F_T = 0,9869$$

$$\Delta T_e = F_T x MLDTcc = 0.9869*154.95 = 152.92°F$$

Comparación. Los resultados obtenidos para ΔT_e son prácticamente los mismos.

Coeficiente global de transferencia de calor, U. Este coeficiente puede calcularse referido al área A_X con la Ec. 6.17 o referido al área interior de los tubos, con la Ec. 6.18,

$$\frac{1}{U_{XC}} = \frac{A_X}{h_i A_i} + \frac{A_X Ln(D_o/D_i)}{2\pi kL} + \frac{1}{h_o} \qquad (6.17)$$

$$\frac{1}{U_{iC}} = \frac{1}{h_i} + \frac{D_i Ln(D_o/D_i)}{2k} + \frac{D_i}{h_o D_o} \qquad (6.18)$$

En las ecuaciones anteriores se considera que los tubos están limpios y solo se incluyen las resistencias por convección debidas a los coeficientes de película y la de conducción en la pared del tubo, por lo que U_{XC} se define como el coeficiente global limpio referido al área extendida y U_{ic} como el coeficiente global limpio referido al área interna.

Definiendo $h_{ix} = h_i (A_i/A_X)$ y despreciando la resistencia a la conducción en la pared del tubo, las ecuaciones anteriores puede expresarse como,

$$U_{XC} = \frac{h_{ix} h_o}{h_{ix} + h_o} \qquad (6.19)$$

$$U_{iC} = \frac{h_i h_{oi}}{h_i + h_{oi}} \qquad (6.20)$$

Generalmente, se trabaja con el área extendida. En la Tabla A.9 del Apéndice se presentan valores típicos de coeficiente global, referido a ésta área, para tubos de 1 plg de diámetro con aletas de ½ plg de altura colocadas a 9 por plg, identificadas como (½ x 9) y con aletas de 5/8 de plg de altura colocadas a 10 aletas por plg, identificadas como (5/8 x 10).

Factor de ensuciamiento R_D. El factor de ensuciamiento tiene la misma interpretación y significado que para los intercambiadores de doble tubo y los de tubos y coraza y se relaciona el coeficiente global limpio U_{XC} y sucio U_{XD} con la Ec 6.21 y Ec. 6.22,

$$\frac{1}{U_{XD}} = \frac{1}{U_{XC}} + R_{Di} + R_{Do} = \frac{1}{U_{XC}} + R_D \qquad (6.21)$$

$$R_D = \frac{U_{XC} - U_{XD}}{U_{XC}U_{XD}} \qquad (6.22)$$

Coeficiente local de transferencia de calor dentro de los tubos, h_i. Para calcular el coeficiente h_i, dentro de los tubos, sin que ocurra cambio de fase, se pueden utilizar la correlación propuesta por Sieder y Tate[4] para flujo por dentro de tubos, que tiene exactitud entre ±10 y ±15%, cuando se aplican al calentamiento o enfriamiento de fracciones de petróleo, líquidos orgánicos, soluciones acuosas y gases y no es recomendable para agua.

$$Nu_i = 1,86 \left[R_e \, P_r (d_i/L) \right]^{1/3} (\mu/\mu_w)^{0,14} \qquad \begin{array}{l} R_e \leq 2100 \\ R_e P_r d_i / L > 10 \end{array} \qquad (6.23)$$

$$Nu_i = 0,027 \, R_e^{0,8} \, P_r^{1/3} (\mu/\mu_w)^{0,14} \qquad R_e > 2100 \qquad (6.24)$$

Para agua se recomienda la Ec. 6.25,

$$h_i = (169,145 + 1,662 \, T) \, v^{(0,7259 + 0,000273 \, T)} \qquad (6.25)$$

La Ec. 6.24 fue obtenida con tubos de diámetro exterior ¾ de pulgadas BWG 16, con diámetro interior de 0,62 pulgadas, por lo que para tubos de otros diámetros, el valor de h obtenido con esta ecuación, hay que multiplicarlo por el factor obtenido con la Ec. 6.26,

$$Factor = 0,91 - 0,1882 \, Ln(d_i) \qquad (6.26)$$

Donde $Ln(d_i)$ es el logar´tm atural del diámetro interior. Un cálculo rápido de h_i se puede hacer utilizando la Fig. A.1, o la Fig. A.2.

En las ecuaciones anteriores $Nu_i = h_i d_i/k$ es el módulo de Nusselt, $Re = \rho d_i v_i/\mu$ el módulo de Reynolds y $Pr = \mu c_p/k$ el módulo de Prandlt. L es la longitud del intercambiador, d_i el diámetro interior del tubo interno y μ_w la viscosidad del fluido dentro del tubo a la temperatura de la pared, t_w. En la Ec. 6.25, v es la velocidad del agua en pie/seg. Cuando se trata de fluidos con muy poca variación de viscosidad con la temperatura, el factor de corrección por viscosidad $\Phi = (\mu/\mu_w)^{0,14} = 1$. Las otras propiedades del fluido, capacidad calorífica c_p, viscosidad μ, densidad ρ, y conductividad térmica k, se evalúan a la temperatura promedio del fluido dentro del tubo, tomada como la media aritmética entre las temperaturas de entrada y salida al intercambiador, si se trata del fluido caliente $T_b = (T_1+T_2)/2$ o si es el fluido frío $t_b = (t_1+ t_2)/2$.

Coeficiente local de transferencia sobre tubos con aletas, h_o. Cuando el aire fluye sobre el banco de tubos, lo hace contra el área proyectada A_P, y se mantiene siempre en contacto con la superficie A_F expuesta por las aletas y la superficie A_B expuesta por los tubos libres de aletas, por lo que el valor numérico del coeficiente local de transferencia de calor h_o, entre el tubo y el aire, está afectado por estos factores. Para estos casos, h_o puede calcularse con la Ec. 6.27 que es específica para aire en flujo cruzado contra un banco de tubos

$$h_o = 3,4109 + 0,0021\ G_S \qquad (6.27)$$

Siendo $G_S = m / A_P$ el flujo de aire por el área proyectada A_P, en lb/hr-pie^2. Cálculos rápidos de h_o pueden realizarse con la Fig. A.6 donde se ha graficado h_o contra G_S. Adicionalmente, la correlación propuesta por Seader y Tate[4] para flujo sobre tubo sin aletas, se han adaptado para tubos con aletas, y una de las que mejor resultados produce es la siguiente:

$$Nu_o = 0,089\ R_e^{0,73}\ P_r^{1/3}\ (\mu/\mu_w)^{0,14} \qquad Re > 2100 \qquad (6.28)$$

En la Ec. 6.28, $Nu_o = h_o D_e/k$ es el módulo de Nusselt entre el aire y los tubos; $Re = \rho D_e v/\mu = G_S^* D_e/\mu$, el módulo de Reynolds y $Pr = \mu c_p/k$ el módulo de Prandlt. D_e el diámetro equivalente para el paso del aire por el banco de tubos, $G_S^* = m/A_n$, es el flujo de masa por unidad de área neta de flujo, A_n, y μ_w la viscosidad del aire a la temperatura de la pared de los tubos, t_w. Las otras propiedades del fluido, capacidad calorífica c_p, viscosidad μ, densidad ρ, y conductividad térmica k, se evalúan a la temperatura promedio del aire tomada como la media aritmética entre las temperaturas de entrada y salida al banco de tubo. Un cálculo rápido de h_o, se puede hacer utilizando la Fig. A.7, que es una representación gráfica de la Ec. 6.28, en cuyo eje vertical se muestra el factor $J_H = Nu_o Pr^{-1/3}(\mu/\mu_w)^{-0,14}$ y en el horizontal al módulo de Reynolds, Re.

El diámetro equivalente, D_e, para transferencia de calor en un banco de tubos con aletas, depende del tipo de aletas y el arreglo de los tubos y se define con la relación siguiente:

$$D_e = \frac{2(A_F^* + A_B^*)}{\pi P^*} \qquad (6.29)$$

Donde A_F^*, A_B^* y P^* fueron definidos con las ecuaciones Ec. 6.1, Ec. 6.2 y la Ec. 6.5, respectivamente.

Área de flujo para el aire. Al comparar $G_S = m/A_P$ con $G_S^* = m/A_n$, se observa que la diferencia está en el área utilizada para el flujo en el banco de tubos. En el primer caso, se utiliza el área total proyectada del banco de tubos, A_P, que viene siendo el plano seccional perpendicular al flujo de aire que incluye el área libre más el área ocupada por los tubos y las aletas. En el segundo caso, se utiliza el área neta libre A_n, que resulta de restarle al área proyectada A_P, el área cubierta por los tubos y las aletas A_C.

Las dimensiones del banco son el largo L, que coincide con la longitud de los tubos; el ancho W, que lo determina la cantidad de tubos que contenga una fila; y el alto H, que está definido por el número de filas, N_F, de tubo existentes. Consideremos que cada fila tiene N_{TF} tubos de longitud L y diámetro D_o, con n_f aletas por unidad de longitud de tubo, con una separación entre sus puntas igual a c_f, una altura h_f y espesor e_f. En base a estas dimensiones y referido a la Fig. 6.6.c y la Fig 6.6.d, A_D viene dado por,

$$A_P = LxW = Lx[(N_{TF}-0,5) P_T+(D_o+2 h_f)] \quad \text{para arreglo triangular} \quad (6.30a)$$

$$A_P = LxW = Lx[(N_{TF}-1) P_T + (D_o+2 h_f)] \quad \text{para arreglo cuadrado} \quad (6.30b)$$

El área neta libre, A_n, es el área neta para que el aire fluya, y es igual al área proyectada menos el área proyectada cubierta por los tubos y las aletas, A_C.

$$A_C = D_oL N_{TF} + (2h_fe_fn_f)L N_{TF} \quad (6.31)$$

$$A_n = A_P - A_C \quad (6.32)$$

Área de transferencia de calor. Esta área puede definirse en base al área interna de los tubos, al área externa de los tubos sin aletas y al área externa de los tubos con aletas, también conocida como área extendida. En el primer caso se toma el área interior A_i de los tubos expuesta al fluido caliente y viene dada por la Ec. 6.33,

$$A_i = (\pi D_iL)N_T \quad (6.33)$$

Donde D_i es el diámetro interior de los tubos y L su longitud.

En el segundo caso se toma el área exterior de los tubos como si no tuvieran aletas, A_o, y viene dada por,

$$A_o = (\pi D_oL)N_T \quad (6.33.a)$$

Y en el tercer caso, se toma el área exterior expuesta al aire, también conocida como área extendida A_X, que viene dada por la suma del área A_B de los tubos no cubierta por la aletas, y el área A_F de las aletas instaladas,

$$A_X = (A_F + A_B) \quad (6.34)$$

Si se tiene toda la información requerida, A_i, A_o y A_X se pueden calcular fácilmente con las ecuaciones anteriores, y si no, con la Ec. 6.35 o Ec. 6.36 o Ec. 6.36.a,

$$A_X = \frac{Q}{U_{XD}\Delta T_e} \tag{6.35}$$

$$A_i = \frac{Q}{U_{iD}\Delta T_e} \tag{6.36}$$

$$A_o = \frac{Q}{U_o\Delta T_e} \tag{6.36.a}$$

Ejercicio 6.3. Calcular el diámetro equivalente y el área de flujo para un banco formado por filas de 20 tubos de 4 pies de longitud y diámetro exterior 1 plg, BWG 14, arreglados en triángulo, con P_T de 2¼ plg dotado de aletas transversales de altura 3/8 de plg, espesor 0,035 plg y distribuidas en 8 aletas por plg de tubo, con 1/16 de plg de separación entre los extremos de dos aletas adyacentes.

Solución.

Área de las aletas por un pie de tubo, Ec. 6.1.

$$A_F^* = n_f\left[\left(\frac{2\pi}{4}\right)\left[(D_o + 2h_f)^2 - D_o^2\right] + \pi(D_o + 2h_f)e_f\right]$$

$$A_F^* = 8\left[\left(\frac{2\pi}{4}\right)\left[(1+2x0,375)^2 - 1^2\right] + \pi(1+2x0,375)x0,035\right] = 2,29 \ \text{pie}^2/\text{pie de tubo.}$$

Área de tubo sin aletas por un pie de longitud de tubo, Ec 6.2

$$A_B^* = \pi D_o(1 - e_f n_f) = \pi x 1 x (1 - 0,035x8) x 12 / 144 = 0,19 \ \text{pie}^2/\text{pie de tubo.}$$

Perímetro proyectado por un pie de longitud de tubo, Ec. 6.4.

$$P^* = (4h_f + 2e_f)\ n_f + 2(1 - e_f\ n_f)$$

$$= (4 \ x \ 0,375 + 2x0,035)x8 + 2x(1 - 0,035x8) = \ 14 \ \text{pie/pie de tubo}$$

Diámetro equivalente del banco de tubo, Ec.6.29.

$$D_e = \frac{2(A_F^* + A_B^*)}{\pi P^*} = \frac{2(2,29+0,19)}{\pi 14} = 0,11 \ \text{pie.}$$

Area disponible Ec. 6.30.a, $A_P = LxW$

$A_D = Lx[(N_{TF}-0,5) P_T+(D_o+2 h_f)]$ $=4x12x[(20-0,5)x2,25+(1+2x0,375)]/144$
$A_D = 15,21$ pie^2
Área cubierta por aletas y tubo, Ec. 6.31

$A_C = D_oLN_{TF}+(2h_fe_fn_f)L N_{TF} = (1x48x20 +2x0,375x0,025x8x48x20)/144 = 8,07$ pie^2

Área neta libre para el flujo flujo, Ec. 6.32

$A_n = A_D - A_c = 15,21 - 8,07 = 7,14$ pie^2

Temperatura de la pared el tubo, t_w. Considerando que la resistencia de la pared del tubo es despreciable, la temperatura de la pared t_w puede calcularse con la Ec. 6.37, con el aire fluyendo fuera de los tubos,

$$t_w = T_b - \frac{h_o}{h_{io} + h_o}(T_b - t_b) \qquad (6.37)$$

Para facilitar el cálculo de h_i, h_o y t_w primero se evalúan los coeficientes sin corregirlos por viscosidad, obteniendo con la Ec. 6.24 o la Ec. 6.25 la relación h_i/Φ_i y con la Ec. 6.27 o Ec. 628, h_o/Φ_o, por lo que podemos modificar las dos últimas ecuaciones y expresarlas como,

$$t_w = T_b - \frac{h_o/\Phi_o}{h_{io}/\Phi_i + h_o/\Phi_o}(T_b - t_b) \qquad (6.38)$$

Después de calcular la temperatura de la pared con una de las ecuaciones anteriores, se procede a evaluar la viscosidad a esa temperatura y por consiguiente los valores de $\Phi_i = (\mu/\mu_w)^{0,14}$ y $\Phi_o = (\mu/\mu_w)^{0,14}$, que luego al multiplicarlos por h_i/Φ_i y h_o/Φ_o resultan los valores de los h_i y h_o corregidos por viscosidad; posteriormente se refiere h_i al área externa con $h_{io}= h_i(d_i/d_o)$.

6.3. CÁLCULOS HIDRÁULICOS.

La caída de presión del aire en el banco de tubos, deber ser mínima para así requerir menor potencia en el sistema de ventilación; por otro lado, en el fluido de los tubos, la pérdida de presión debe ser menor o igual a las permitidas por el circuito hidráulico donde se encuentran instalados.

Pérdida de presión del fluido en los tubos. Cuando el fluido entra al cabezal del banco de tubos, se distribuye por igual entre el número de tubos que haya en cada paso, N_{TP}, y fluye por ellos perdiendo presión, fundamentalmente por efectos de la fricción. Si M el flujo de masa total que entra al cabezal y el área seccional de flujo de cada tubo es $A_{FT} = \pi D_i^2 / 4$, entonces el flujo de masa por unidad de área en cada tubo, G_T viene dado por

$$G_T = \frac{M}{N_{TP} A_{FT}} = \frac{M}{N_{TP}(\pi D_i^2 / 4)} \qquad (6.39)$$

Una de las ecuaciones más usadas y aceptadas por la Asociación de Fabricantes de Intercambiadores Tubulares[13] (mejor conocida por sus siglas en ingles como TEMA) para calcular la pérdida de presión en el haz tubular, es la adaptación de la ecuación de Fanning, que viene dada por,

$$\Delta P_T = \frac{f G_T^2 N_P L}{288 g \rho D_i \phi_T} = \frac{f G_T^2 N_P L}{12,02 \times 10^{10} \rho D_i \phi_T} \qquad (6.40)$$

Con ΔP_T en psi, G_T en libs/hr-pie^2, L, la longitud de un tubo en pie, N_P el número de pasos por los tubos, g aceleración de gravedad, $4,173 \times 10^8$ pie/hr^2, ρ la densidad del fluido, D_i el diámetro interior de los tubo, en pie; $\Phi_T = (\mu/\mu_w)^{0,14}$ el factor de corrección por viscosidad en el fluido de los tubos y f el factor de fricción, que para flujo laminar puede estimarse con la Ec. 6.41 y para turbulento con la Ec. 6.42 respectivamente.

$$f = \frac{71,283}{Re^{0,9985}} \quad \text{para } Re < 2100 \qquad (6.41)$$

$$f = \frac{0,4468}{Re^{0,263}} \quad \text{para } Re > 2100 \qquad (6.42)$$

Adicional a la pérdida de presión por el flujo dentro de los tubos, es necesario considerar la pérdida debido al cambio de dirección, cuando el fluido cambia de un paso a otro, y esta se ha definido equivalente a cuatro veces la velocidad de cabezal por cada paso, y puede calcularse con la Ec. 6.43.

$$\Delta P_r = \left(\frac{4 N_P}{\gamma} \right) \left(\frac{v^2}{64,4} \right) \qquad (6.43)$$

Con ΔP_r en psi, y la velocidad de fluido, v, en pie/seg.
La pérdida total de presión en los tubos será entonces, $\Delta P_T + \Delta P_r$

Pérdida de presión sobre banco de tubos con aletas transversales. Son varias las ecuaciones propuestas para el cálculo de la pérdida de presión cuando un fluido cruza un banco de tubos con aletas transversales, y la Ec. 6.44 es una que da muy buenos resultados, cuyos términos están referidos a la Fig. 6.6.c y la Fig. 6.6.d ,

$$\Delta P_S = 4,18 \times 10^{-12} \left(\frac{G_S^{*2}}{\rho} \right) N_F \qquad (6.44)$$

Donde ΔP_S está en psi, la densidad ρ en lb/pie^3, $G_S^* = m/A_n$ en lb/hr-pie^2, N_F es el número de filas de tubos que cruza el flujo m de aire por el área de flujo A_n, definida por la Ec. 6.32. Otra ecuación muy utilizada es la propuesta por Gunter y Shaw[4].

$$\Delta P_S = \frac{f G_S^{*2} L_S}{5.22 \times 10^{10} D_{es} s \phi_T} \left(\frac{D_{es}}{P_T} \right)^{0.4} \left(\frac{S_L}{S_T} \right)^{0,6} \qquad (6.45)$$

Donde s es la gravedad específica del fluido que cruza el banco de tubos; S_T es el pitch en el banco de tubos con aletas transversales (P_T) y S_L es la distancia centro a centro entre tubos de dos bancos adyacentes. Si el arreglo de tubos en los bancos es igual, (triangular, cuadrado, cuadrado rotado), entonces S_L es igual a P_T. D_{es} es el diámetro equivalente en pie, definido como,

$$D_{es} = \frac{4 x V_L}{(A_F + A_B)/2} \qquad (6.46)$$

Donde V_L es el volumen libre neto disponible para el flujo de aire, definido como el volumen de la estructura donde está instalado el banco de tubos, largo x ancho x alto, menos la mitad del volumen ocupado por los tubos y las aletas.

$$V_L = LWL_S - \frac{1}{2}\left[\left(\frac{\pi}{4} \right) D_o^2 N_T L + \left(\frac{\pi}{4} \right) 4 h_f (D_o + h_f) e_f n_f N_T L \right] \qquad (6.47)$$

A_F y A_B, están definidos con la Ec. 6.30 y la Ec. 6.31, respectivamente, y L_S es la trayectoria que recorre el aire cuando cruza las N_F filas de tubos en el banco, que para arreglo triangular, se calcula con la Ec. 6.48 y para arreglo cuadrado, con la Ec. 6.49.

$$L_s = \text{sen} (60) P_T N_F = 0,866 P_T (N_F-1) + (D_o + 2h_f) \qquad (6.48)$$

$$L_s = P_T(N_F-1) + \;) + (D_o + 2h_f) \qquad (6.49)$$

En la Ec. 6.45 ΔP_S está en psi, G_S^* en lb/hr-pie^2, L_S en pie, ρ la densidad del aire en lb/pie^3, P_T es la separación entre el centro de tubos adyacentes en plg, D_{es} el diámetro equivalente para caída de presión, en pie; $\Phi_T = (\mu/\mu_w)^{0,14}$ el factor de corrección por viscosidad en el fluido de los tubos y f el factor de fricción adimensional, que puede estimarse con la Ec. 6.50 o la Fig. 6.11.

$$f = \frac{1,4688}{Re^{0,1538}} \quad \text{con Re} > 2100 \qquad (6.50)$$

En los sistemas de ventilación de enfriadores con aire, lo usual es expresar la caída de presión en plg de agua, y para eso, multiplicar el resultado de Ec. 6.44 o la Ec. 6.45 por 27,70 plg de agua / psi.

Selección de ventiladores. Por razones de continuidad y seguridad operacional, el número de ventiladores, N_V, en cada bahía debe ser al menos dos, y por criterio de diseño, para lograr buena distribución del aire sobre los tubos, cada ventilador debe cubrir como mínimo el 40% del área proyectada del banco de tubos al cual sirve, es decir, que la cobertura del ventilador, es la relación entre el área proyectada del ventilador APV, y el área proyectada del banco de tubos, A_P y debe ser mayor o igual a 0,4; por lo tanto, APV, y el diámetro D_V de cada uno viene dado por,

$$APV = 0,4(A_P) / N_V \tag{6.51}$$

Para dos ventiladores, $N_V = 2$,

$$APV = = 0,2 \ (A_P) \tag{6.52}$$

$$D_V = \sqrt{\frac{4APV}{\pi}} \tag{6.53}$$

La caída de presión total, ΔP, que debe vencer cada ventilador, desde la succión hasta la salida del aire del banco de tubos, viene dada por,

$$\Delta P = \Delta P_S + \left[\frac{5,3 \times 10^{-6} m}{\rho D_v^2)} \right]^2 \left(\frac{\rho}{\rho_a} \right) \tag{6.54}$$

Donde ΔP y ΔP_S están en plg de agua; m es el flujo de masa de aire de cada ventilador, en lb/hr, D_V el diámetro del ventilador dado por la Ec. 6.53, ρ la densidad promedio del aire en lb/pie^3 y ρ_a la densidad del aire a 70 °F.

La potencia, Hp, requerida por el ventilador, se puede estimar con la Ec. 6.55,

$$Hp = 2,61 \times 10^{-6} \left(\frac{m\Delta P}{\rho \varepsilon} \right) \tag{6.55}$$

La eficiencia ε se estima alrededor de 70% y lo usual para la potencia de cada ventilador es de 30 Hp, aunque puede alcanzar valores de 50 Hp.

6.4. Diseño y Evaluación.

Al igual que para los intercambiadores de doble tubo y de tubos y coraza, los cálculos, térmicos e hidráulicos, de un intercambiador de enfriamiento con aire se ejecutan con los propósitos siguientes:

e) Diseñar para la construcción.
f) Evaluar uno existente en operación, para determinar sus condiciones y decidir sobre su mantenimiento.
g) Evaluar uno existente en operación para determinar si puede soportar incrementos de carga o cambio de condiciones.
h) Evaluar uno existente para un nuevo servicio.

En el caso particular de los enfriadores con aire, en los cálculos para diseño se incluye lo relativo a la selección y especificación del sistema de ventilación.

Diseño para construcción. Cuando se diseña un intercambiador de enfriamiento con aire, normalmente se conoce lo siguiente:

Para el fluido caliente que fluirá por los tubos.

a) Tipo y estado del fluido.
b) Flujo M, temperaturas de entrada y salida T_1 y T_2, y presión de entrada P_1.
c) Propiedades del fluido a la temperatura promedio entre la entrada y la salida.

Para el aire se conoce solamente su temperatura t_1, tomada de los datos de planta o como la temperatura de bulbo seco de verano, de la zona.

El diseño del intercambiador consiste fundamentalmente en determinar el área de transferencia de calor A, despejada de la Ec. 6.6,

$$Q = U \, A \, \Delta T_e \qquad\qquad (6.6)$$

De los tres factores requeridos para calcular el área, solo se puede determinar con la información suministrada, la carga de calor Q. No se conoce ni se pueden estimar el flujo de aire, m, ni la temperatura t_2 de salida del aire, por lo que tampoco se puede calcular la diferencia efectiva de temperatura, ΔT_e, ni el coeficiente global de transferencia de calor U. En resumen, los métodos de cálculo para el diseño de este tipo de intercambiador requieren suponer valores iniciales para desarrollar los cálculos y después comprobar que los valores supuestos son correctos.

Uno de los métodos de cálculo se basa en seleccionar un banco de tubos de los ofrecidos por los fabricantes, Tabla 6.1, y tomar un valor típico disponible para el coeficiente global U_{iD}, referido al área interna A_i de los tubos; posteriormente, con una velocidad típica para el aire de 675 pie/min y un coeficiente local de transferencia de calor fuera de los tubos referido al área interna h_{oi} = 180 Btu/hr-pie^2-°F, se desarrollan los cálculos térmicos e hidráulicos y se calcula un valor para U_{iD} y la caída de presión en los tubos. Si hay coincidencia entre el coeficiente típico y el calculado, y la caída de presión obtenida es menor o igual a la permitida, el banco seleccionado es el correcto; de lo contrario, seleccionar otro banco o combinaciones de bancos, y repetir los cálculos hasta lograr la coincidencia entre el U_{iD} calculado y el típico y la caída de presión requerida. Cada banco tiene definido por el fabricante, los detalles de número de tubos, número de filas, arreglo de los tubos, número de pasos por los tubos, áreas de transferencia, tipo y número de aletas, etc.

Tabla 6.1. Dimensiones típicas de bancos de tubos diámetro exterior D_O 1 plg, BGW 14				
Banco	No. de tubos	Area proyectada pie^2	Area total expuesta pie^2	
Largo x Ancho, pie		A_P, pie^2	Interior A_i	Exterior A_X
24 x 4	74	70	378	6.360
30 x 4	74	87,5	475	7.950
24 x 8	166	181	849	14.050
30 x 8	166	226,3	1.060	17.550

Otro método más detallado y más usado, consiste en suponer el número de filas, número de pasos por los tubos y el coeficiente global U_{XD} típico, referido al área externa extendida A_X para el servicio en cuestión. Adicionalmente, define el tipo y número de aletas. Con esta información, se procede a desarrollar los cálculos térmicos e hidráulicos hasta obtener el coeficiente global U_{XD} y la caída de presión en los tubos. Si hay coincidencia entre los coeficientes supuesto y el calculado y la caída de presión obtenida es menor o igual a la permitida, entonces las suposiciones hechas son correctas y se procede a especificar el banco de tubos; de lo contrario, suponer otro U_{XD} y repetir los cálculos hasta lograr la coincidencia entre U_{XD} típico y el calculado y la caída de presión requerida. Este último método, será desarrollado a continuación, siendo su secuencia global la siguiente:

a) Seleccionar el material, diámetro exterior y longitud del tubo, arreglo, tipo de aleta y sus dimensiones (altura, espesor, número de aleta por pulgada de tubo).
b) Calcular la carga de calor Q, con la Ec.6.2 o la Ec. 6.3.
c) Seleccionar en la Tabla A.9 el valor de U_{XD} típico para el arreglo de tubo y aleta seleccionado.
d) Suponer la temperatura t_2 a la salida del aire y estimar su incremento Δt_a, o suponer el incremento y estimar la temperatura de salida. Por otro lado, una buena aproximación del incremento de temperatura en el aire puede estimarse con la ecuación siguiente[32]

$$\Delta t_a = \left(\frac{U_{XD} + 1}{U_{XD\,max}} \right) \left(\frac{T_1 + T_2}{2} - t_1 \right) \qquad (6.56)$$

Donde U_{XDmax} es el valor máximo esperado del coeficiente global de transferencia de calor y que, en base a los valores típicos observados, puede tomarse como 10 Btu/hr-pie^2-°F. Tambien puede tomarse como primera aproximación, que la temperatura de salida del aire sea igual a la salida del fluido caliente.

e) Calcular el flujo de aire, m, despejado de la Ec.6.9.
f) Calcular la diferencia efectiva de temperatura, ΔT_e con las Ec. 6.10 o Ec. 6.16, para 1 o dos pasos por los tubos. Si se toman tres pasos o más, entonces usar la Ec. 6.10 con $F_T = 1$.
g) Calcular el área de transferencia de calor requerida, A_X, con la Ec.6.35.
h) Calcular el área total proyectada, A_P, del banco de tubos dividiendo el área total de transferencia A_X (área expuesta por aletas más los tubos) entre la relación $(A^*_F + A^*_B) / A^*_P$.

$$A_P = A_X / (A^*_F + A^*_B)/ A^*_P$$

Con el tipo de aleta y número de filas de tubos, N_F, seleccionados, leer en la Tabla A.8, o calcular con las ecuaciones Ec. 6.1, Ec. 6.2, Ec. 6.3, Ec. 6.4, y Ec. 6.5 lo siguiente:

Área expuesta por cada pie de tubo, $(A^*_F + A^*_B)$.
Área proyectada por cada pie de tubo, A^*_P.
Perímetro proyectado por cada pie de tuno, P^*.

i) Con la longitud de tubo seleccionada calcular el ancho del banco de tubos,
$W = A_P / L$
j) Calcular el número de tubos, $N_T = A_X / ((A^*_F + A^*_B)L)$.
k) Calcular el número de tubos por fila, $N_{TF} = N_T / N_F$
l) Calcular el coeficiente de transferencia de calor dentro de los tubos, h_i con la Ec.6.23, Ec 6.24, Ec. 625, Ec. 627 o Ec 6.28.
m) Calcular h_o con la Ec. 6.27 o Ec. 6.28.
n) Calcular U_{XC} con la Ec. 6.19 y el nuevo valor de U_{XD}, con la Ec. 6.21.
o) Si U_{XD} calculado en n) es similar al supuesto (± 5%) proceder con el cálculo de la caída de presión en ambos fluidos; de lo contrario suponer un nuevo valor de U_{XD} comprendido entre el supuesto y el calculado en n).
p) Estimar un nuevo valor para Δt_a incrementando el anterior si U_{XD} calculado es mayor que el supuesto, o disminuyéndolo si resultó lo contrario, y repetir los cálculos desde e) hasta o), hasta lograr que U_{XD} supuesto sea similar al calculado.
q) Calcular la caída de presión en el fluido caliente con la Ec. 6.40 y en el aire con la Ec. 6.44.
r) Calcular el diámetro requerido en el ventilador, con la Ec. 6.53 y la potencia del motor con la Ec. 6.55.
s) Reportar a) Dimensiones del banco de tubo; b) Área de transferencia de calor; d) Número de ventiladores y e) Potencia de los motores.

Ejemplo 6.4. Diseño de un enfriador de diésel a flujo cruzado con aire.
En una refinería se necesita enfriar una corriente de 12.500 BD de diésel (42 °API) de 250 °F hasta 150 °F, con una caída de presión permitida de 10 psi. El factor de ensuciamiento típico para este servicio dentro de los tubos es de 0,001 hr-pie^2-°F/Btu. Por poca disponibilidad de agua, el diésel debe enfriarse utilizando un intercambiador a flujo cruzado de enfriamiento con aire que se dispone a 100 °F. Calcular: a) Dimensiones del banco de tubo. b) Numero de tubos por paso. c) Área de transferencia de calor. d) Velocidad del fluido en los tubos. e) Diámetro de los ventiladores. f) Potencia de los motores.

Solución.

a) *Características de los tubos.* Se dispone de tubos de acero BWG 14, de 30 pie de longitud, con diámetro externo 1 plg y diámetro interno 0,87 plg; con aletas transversales 5/8 x 10 de espesor 0,0483 plg.
En base a las características de los tubos disponibles, el cálculo se inicia considerando que se requiere como mínimo 4 filas de tubos en arreglo triangular con pitch igual a 2,25 plg, y adicionalmente se define 3 pasos por los tubos.
$N_F = 4$
$N_P = 3$
$P_T = 2,25$ plg.
$L = 30$ pie.
$D_o = 1$ plg.
$D_i = 0,87$ plg
$n_f = 10$ aletas por pulgada.
$h_f = 0,625$ plg
$e_f = 0,0483$ plg

b) *Carga de calor Q.* Ec. 6.8.

Ejemplo 6.4. Datos de proceso				
Variable/propiedad	Nomenclatura	Unidad	Diesel	Aire
Flujo	M / m	BD/ lb/hr	12.500	Calcular
Temp entrada	T_1 / t_1	°F	250	100
Temp salida	T_2 / t_2	°F	150	Calcular
Densidad	ρ	lb/pie^3	50,81	
Cap. calorifica	Cp	Btu/lb-°F	0,543	
Viscosidad	μ	lb/pie-hr	1,679	
Conductividad Térmica	k	Btu/hr-pie-°F	0,079	

Propiedades estimadas con las correlaciones dadas en la Tabla A.6.

Flujo de diesel, M en lb/hr, = (5,615 / 24)x BD x densidad = 148.592 lb/hr.

$Q = M [C_{PL} (T_1 - T_2)] = 148.592 \times 0,543 \times 100 = 8.068.546$ Btu/hr

c) En la Tabla A.9, seleccionar U_{XD} típico, 4,4 Btu/hr-pie^2-ºF

d) Temperatura de salida del aire, t_2.

$$\Delta t_a = \left(\frac{U_{XD}+1}{10}\right)\left(\frac{T_1+T_2}{2}-t_1\right) = \left(\frac{4,4+1}{10}\right)\left(\frac{250+150}{2}-100\right) = 54$$

$t_2 = t_1 + \Delta t_a = 100 + 54 = 154$ ºF

Las propiedades del aire se evalúan la temepratura promedio de 127 °F.

e) Flujo de aire requerido, Ec. 6.9.

$$m = \frac{Q}{Cpa\Delta t_a} = \frac{8.068.546}{0,241x54} = 619.989,70 - lb/hr$$

f) Calcular diferencia efectiva de temperatura ΔT_e.

Considerando que se tendrán 3 pasos por los tubos, $F_T = 1$ y ΔT_e viene dada por la Ec. 6.10 y la Ec. 6.11.

$\Delta T_e = F_T MLDT_{cc}$

$$\Delta T_{CC} = MLDT_{CC} = \frac{(T_1-t_2)-(T_2-t_1)}{Ln\left[\dfrac{T_1-t_2}{T_2-t_1}\right]} = \frac{(250-154)-(150-100)}{Ln\left[\dfrac{250-154}{150-100}\right]} = 70,52°F$$

$\Delta T_e = 70,52$ ºF

g) Calcular el área de transferencia de calor requerida, A_X, Ec.6.35.

$$A_X = \frac{Q}{U_{XD}\Delta T_e} = \frac{8.068.546}{4.4x70,52} = 26.0032 \ \text{pie}^2$$

h) *Área total proyectada*. Esta información puede obtenerse con las ecuaciones 6.1 a 6.5, o de la Tabla A.8.

De la Tabla A.8, para 4 filas de tubo con aletas 5/8 x 10 y Pitch de 2,25 plg, se tiene que la relación Área de transferencia a Área proyectada RA, es

RA =122,4

Aplicando las ecuaciones citadas tenemos que el área de las aletas por pie de tubería es,

$$A_F^* = \pi n_f \left[2h_f(D_o + h_f) + (D_o + 2h_f)e_f \right]$$ Ec. 6.1.a

$$A_F^* = \pi 10 x \left[2x0,625x(1 + 0,625) + (1 + 2x0,625)x0,0483 \right] x12/144 = 5,6 \ \ pie^2/pie$$

El área expuesta por pie de tubo sin aletas,

$$A_B^* = \pi D_o - \pi D_o(e_f n_f) = \pi D_o(1 - e_f n_f)$$ Ec.6.2

$$A_B^* = \pi x1 - \pi x1x(0,0483x10) = \pi x1x(1 - 0,0483x10)12/144 = 0,14 \ \ \ pie^2/pie$$

El área expuesta por un pie de tubo con aletas es,

$$A_X^* = A_F^* + A_B^*$$ Ec.6.3

$$A_X^* = 5,6 + 0,14 = 5,74 \ \ pie^2/pie.$$

El área proyectada por pie de tubo es,

$A_P^* = 2(D_o + 2h_f) \ x \ 1 = (1 + 2x0,625)x12/144 = 0,375 \ \ \ pie^2/pie$ Ec.6.4

$P^* = (4h_f + 2e_f) \ n_f + 2(1 - e_f \ n_f)$ Ec. 6.5

$$P^* = (4x0,625 + 2x0,0483)x10 + 2x(1 - 0,0483x10) = 27 \ \ pie/pie.$$

Relación área expuesta a área proyectada para 4 filas de tubo,

$$RA = N_F(2 \ (A_F^* + A_B^*)/ \ A_P^*) = 4x2x5,74/0,375 = 122,4$$

i) Área total proyectada A_P en un banco de 4 filas,

$$A_P = A_X / RA = 26.003/122,4 = 212,4 \ pie^2$$

j) Calcular ancho y alto del banco.

Ancho, W

$$W = A_P / L = 212,4 / 30 = 7 \ pie. \ (Por \ la \ Tabla \ 6.1, \ tomar \ 8 \ pie)$$

Alto, $H = L_s = 0,866 \ P_T(N_F - 1) + (D_o + 2h_f)$ Ec. 6.48

$$H = 0,866 \times (2,25/12) \times (4-1) + (1/12 + 2 \times (0,625/12)) = 0,7 \text{ pie}$$

k) Calcular el número total de tubos N_T, y número de tubos por fila N_{TF}.

$$N_T = A_X / ((A^*_F + A^*_B)L) = 26003/(5,74 \times 30) = 151 \text{ tubos con aletas}$$

Por la Tabla 6.1, tomar 166 tubos.

$N_{TF} = N_T / N_F = 166 / 4 = 42$ tubos con aletas por fila.

Nueva $A_X = ((A^*_F + A^*_B)L) \times N_T = 5.74 \times 30 \times 166 = 28.585 \text{ pie}^2$.

Nueva Area proyectada $A_p = 28.585/122.4 = 233,54 \text{ pie}^2$.

Nuevo Ancho; $W = 233,54/30 = 7.8$ (tomar 8,0).

l) Calcular el coeficiente local de transferencia de calor dentro de los tubos, h_i.

El Nu_i se puede calcular con la Ec 6.24.

$$Nu_i = 0,027 \, Re^{0,8} \, Pr^{1/3} \, (\mu/\mu_w)^{0,14}$$

Área de flujo por paso $= (3,1416 \times 0,87^2/4) \times (166/3)/144 = 0,2284 \text{ pie}^2$

Flujo másico $G_T = 148.592/0,2284 = 650.577,93 \text{ lb/hr-pie}^2$

Reynolds $Re = GD_i/\mu = 650.577,93(0,87/12)/1,679 = 28.092,25$

Prandtl $Pr = \mu C_P/k = 1,679 \times 0,543/0,079 = 11,54$

Nusselt, $Nu_i = h_i D_i/k = 0,027 \times 28.092,25^{0,8} \times 11,54^{1/3} \times 1^{0,14} = 220,36$

$h_i = Nu_i \, k/D_i = 220,36 \times 0,079 \times 12/0,87 = 240,12 \text{ Btu/hr-pie}^2\text{-}^{\circ}\text{F}$

$h_{ix} = h_i(A_i/ A_X)$

$(A_i/ A_X) = (3,1416 \times (0,87/12) \times 30 \times 166)/28.585 = 0,0396$

$h_{ix} = h_i(A_i/ A_X) = 240,12 \times 0,0396 = 9,51 \text{ Btu/hr-pie}^2\text{-}^{\circ}\text{F}$

m) Coeficiente local de transferencia de calor fuera de los tubos, h_o. Ec 6.27.

$h_o = 0,0021 \, G_S + 3,4109$

$G_S = m / A_P = 619.989,7 / 233,54 = 2.654,74 \text{ lb/hr-pie}^2$

$h_o = 0,0021 \times 2.654,74 + 3,4109 = 8.98 \text{ Btu/hr-pie}^2\text{-}^{\circ}\text{F}$

n) Calcular U_{XC} con la Ec. 6.19 y el nuevo valor de U_{XD}, con la Ec. 6.21.

$$U_{XC} = \frac{h_{ix}h_o}{h_{ix} + h_o} = \frac{9,51 \times 8,98}{9,51 + 8,98} = 4,62 \quad \text{Btu/hr-pie}^2\text{-}°F$$

$$\frac{1}{U_{XD}} = \frac{1}{U_{XC}} + R_D\left(\frac{A_x}{A_i}\right) = \frac{1}{4,62} + 0,001 \times 25,25 = 0,24$$

$U_{XD} = 1 / 0,24 = 4,2 \quad \text{Btu/hr-pie}^2\text{-}°F$

o) El U_{XD} calculado 4,2 difiere del supuesto 4,4 en 0,2 equivalente a un 4,5 % de error, el cual se puede considerar que está en rango considerado para cerrar el cálculo. Esto se logró, después de varios tanteos, iniciando con un valor estimado de 3,82 para una viscosidad de 0,7 cP (Tabla A.9), y para lograr la convergencia, los nuevos valores de U_{XD} se asumen con el criterio indicado en el procedimiento descrito anteriormente.

p) Caída de presión en el fluido caliente con la Ec.6.40 y en el aire con la Ec. 6.44.

Para el fluido con $N_P = 3$ pasos por los tubos, la Ec. 6.40 para flujo turbulento,

$$\Delta P_T = \frac{fG_T^2 N_P L}{12,02 \times 10^{10} \rho D_i \phi_T}$$

$$f = \frac{0,4468}{Re^{0,263}} = \frac{0,4468}{30.877^{0,263}} = 0,0295$$

$$\Delta P_T = \frac{0,0295 \times (650.577,93)^2 \times 3 \times 30}{12,02 \times 10^{10} \times 50,81 \times (0,87/12) \times 1} = 2,53 \quad \text{psi}$$

Para el aire cruzando el banco de 4 filas de tubos ($N_F = 4$),

$$\Delta P_S = 4,18 \times 10^{-12}\left(\frac{G_S^{*2}}{\rho}\right) N_F - psi$$

$G_S^* = m/A_n$

$A_n = A_P - A_C$

$A_C = D_o L N_{TF} + (2h_f e_f n_f) L N_{TF}$

$A_C = 30 \times 38 \times [1/12 + 2 \times (0,625/12) \times (0,0483/12) \times 10] = 152 \quad \text{pie}^2$

$$A_n = 212 - 152 = 60 \text{ pie}^2$$

$$G^*_S = 619.989,7 / 60 = 10.233,53 \text{ lb/hr-pie}^2$$

$$\Delta P_S = 4{,}18 \times 10^{-12} \times \left(\frac{(10.233{,}53)^2}{0{,}073} \right) \times 4 = 0{,}024 \text{ psi } [\ 0{,}66 \text{ plg de agua}]$$

q) Diámetro requerido en un ventilador. Ec. 6.53.

Área proyectada por un ventilaodr, APV, considerando al menos dos ventiladores y que entre los dos ocupan el 40% del área proyectada de los tubos,

APV= 0,4xAp / NV = 0,4x233,54/2 = 46,7 pie^2 Ec. 6.51

Diámetro del ventilador;

$$D_V = \sqrt{\frac{4APV}{\pi}}$$

$$D_V = \sqrt{\frac{4 \times 46{,}7}{\pi}} = 7{,}71 \quad \text{pie}$$

r) Potencia del motor. Ec. 6.55.

$$Hp = 2{,}61 \times 10^{-6} \left(\frac{m\Delta P}{\rho \varepsilon} \right)$$

Flujo de aire en un ventilador, m/2 = 619.989,7/2 = 309.994,85 lb/hr.

Eficiencia del motor, ε = 70%

Densidad del aire a temperatura promedio, ρ = 0,073 lb/pie^3

Pérdida de presión en ventilador más banco de tubo, ΔP en plg de agua,

$$\Delta P = \Delta P_S + \left[\frac{5{,}3 \times 10^{-6} m/2}{\rho D_v^2} \right]^2 \left(\frac{\rho}{\rho_a} \right) \quad \text{Ec. 6.54}$$

Con la densidad del aire, ρ_a a 70°F igual a 0.078 lb/pie^3 y el flujo de aire para un ventilador de 619.989,7 lb/hr,

$$\Delta P = 0,66 + \left[\frac{5,3 \times 10^{-6} 309.994,85}{0,073 \times (7,4)^2}\right]^2 \left(\frac{0,073}{0,078}\right) = 0,794 \text{ plg agua}$$

Potencia requerida por motor, Ec 6.55.

$$Hp = 2,61 \times 10^{-6} \left(\frac{(m/2)\Delta P}{\rho \varepsilon}\right)$$

$$Hp = 2,61 \times 10^{-6} \left(\frac{309.994,85 \times 0,794}{0,073 \times 0,70}\right) = 12,7 \approx 13,0 \quad Hp.$$

Tabla 6.2 Resultados Ejemplo 6.4. Diseño de un intercambiador de enfriamiento con aire			
Dimensiones del Banco de Tubos	HxW (piexpie)		0,7x8,0
Número de tubos	N_T		166
Número de Pasos por los Tubos	N_P		3
Número de filas	N_F		4
Número de tubos por fila	N_{TF}		42
Area exterior extendida de transferencia de calor	A_x	pie^2	28.585
Area interior de transferencia de calor	A_i	pie^2	1134,27
Flujo de Aire	m	lb/hr	619.989,7
Caida en los tubos	ΔP_T	psi	3,0
Caida de presión en el Aire	ΔP_S	Plg agua	0.818
Número de ventiladores			2
Diámetro de ventilador	D_v	pie	7,71
Potencia del motor del ventilador	P	Hp	13

Evaluación para Mantenimiento. La evaluación de un intercambiador en operación permite determinar si ha perdido eficiencia térmica, como producto del incremento de la resistencia R_D por la acumulación progresiva de sucio en ambos lados de la pared del tubo. La presencia del sucio en las paredes de los tubos del intercambiador, tambien afecta la hidráulica ya que la caida de presión tiende a incrementarse ligeramente.

En estos casos, un procedimiento de cálculo es el siguiente:

a) Localizar en la hoja de datos de diseño del intercambiador la información siguiente: Arreglo del banco de tubos, Número de Tubos, Número de pasos,

Tubos por paso, especificaciones de los tubos y aletas, Espcificaciones de los ventiladorescoeficiente global de transferencia de calor, caída de persión permitida, factor de ensuciamiento, etc.

Precisar la información de las variables de operación actual: temperaturas, presiones, flujos y propiedades, para ambos fluidos. Como el equipo está en operación la temepratura de salida del aire se puede medir directamente.

b) Calcular la carga térmica actual Q, con la Ec. 6.2, o 6.3.
c) Si no se dispone de la temperatura de aire a la salida, se puede calcular con la ecuación Ec. 6.9.
d) Calcular la diferencia efectiva de temperatura, ΔTe con las Ec. 6.10 o Ec. 6.16, para 1 o dos pasos por los tubos. Para tres pasos o más, entonces usar la Ec. 6.10 con $F_T = 1$.
e) Calcular el coeficiente de transferencia de calor dentro de los tubos, h_i con la Ec.6.23, Ec 6.24, Ec. 625 o Ec.6.26.
f) Calcular el coefiente local sobre el banco de tubos h_o con la Ec. 6.27 o Ec. 6.28.
g) Calcular U_{XC} con la Ec. 6.19 y el coeficiente U_{XD}, despejado de la Ec. 6.6.
h) Calcular el factor de ensuciamiento R_D con la Ec. 6.22.
i) Calcular la caída de presión lado tubos y lado aire, Ec 6.40, Ec. 6.43 y Ec. 6.44, Ec. 6.54 respctivamente.
j) Si R_D calculado en h) es mayor o igual que el considerado por diseño, o si el equipo presenta una caída de presión mayor que la permitida, entonces necesita mantenimiento, y debe recomendarse sacarlo de servicio; de lo contrario, puede continuar operando. Nótese que, técnica y operacionalmente, con una de las dos condiciones que se de, el equipo debe salir de operación, a menos que por otras razones se justifique mantenerlo en operación por un tiempo adicional.

Ejemplo 6.5. Evaluación de un enfriador de diésel a flujo cruzado con aire.

En una refinería se enfría una corriente de 12.500 BD de diésel (42 °API) que está entrando a 250 °F a los tubos de un intercambiador de enfriamiento a flujo cruzado con aire y después de cierto tiempo en servicio se observa que su temperatura de salida es de 155 °F, aunque se mantienen los flujos de diseño, por lo que se solicita la evaluación de proceos. La información de diseño del intercambiador está en la tabla siguiente. Solución.

Ejemplo 6.5. Datos de proceso				
Variable	Nomenclatura	Unidad	Diesel	Aire
Flujo	M / m	BD/ lb/hr	12.500	619.989,7
Temp entrada	T_1 / t_1	°F	250	100
Temp salida	T_2 / t_2	°F	155	Calcular
Densidad	ρ	lb/pie^3	50,81	
Cap. calorifica	Cp	Btu/lb-°F	0,543	
Viscosidad	μ	lb/pie-hr	1,679	
Conductividad Térmica	k	Btu/hr-pie-°F	0,079	

a) Características del banco de tubos: acero BWG 14, de 30 pie de longitud, con diámetro externo 1 plg y diámetro interno 0,87 plg; con aletas transversales 5/8 x 10 de espesor 0,0483 plg

Ejemplo 6.5. Datos de diseño del intercambiador			
Dimensiones del Banco de Tubos	HxW	piexpie	0,7x8,0
Número de tubos	N_T		166
Número de Pasos por los Tubos	N_P		3
Número de filas	N_F		4
Número de tubos por fila	N_{TF}		42
Area exterior extendida de transferencia de calor	A_x	pie^2	28.585
Area interior de transferencia de calor	A_i	pie^2	1134,12
Coeficiente T.C	U_{XD}	Btu/hr-pie^2-°F	4.13
Flujo de Aire	m	lb/hr	619.989,7
Caida de presión permitida en los tubos	ΔP_T	psi	5,0
Factor de ensuciamiento	R_D	Hr-pie^2-°F/Btu	0.001
Diámetro de ventilador	D_v	pie	7,71
Potencia del motor	P	Hp	13
Diámetro exterior de los tubos	D_o	plg	1
Diámetro interior de los tubos	D_i	plg	0.87
BWG			14
Longitud de los tubos	L_T	pie	30
Arreglo y Pitch			Triangular - 2,25 plg
Aletas por pie	n_f		10
Espesor de aletas	e_f	plg	0.0483
Alto de una aleta	h_f	plg	0.625
Tipo de aletas			Transversal 5/8x10

b) Carga de calor Q. Ec. 6.8.

Flujo de diesel, M en lb/hr, = (5,615 / 24)x BD x densidad = 148.592 lb/hr.

$Q = M [C_{PL} (T_1 - T_2)] = 148.592 \times 0,543 \times 95 = 7.665.118,32$ Btu/hr

c) Temperatura de salida del aire, Ec. 6.9.

$$t_2 = t_1 + Q/(mxC_{PA}) = 100 + 7.665.118,32 / (619.989,7x0.241) = 151.29 \text{ °F}$$

d) Calcular diferencia efectiva de temperatura ΔTe.
Considerando que se tendrán 3 pasos por los tubos, $F_T = 1$ y ΔTe viene dada por la combinación de las ecuaciones Ec. 6.10 y la Ec. 6.11.

$$\Delta Te = F_T \text{ MLDTcc}$$

$$\Delta Te = 74,74 \text{ °F}$$

e) Calcular el coeficiente local de transferencia de calor dentro de los tubos, h_i.

El Nui se puede calcular con la Ec 6.24.

$$Nui = 0,027 \ Re^{0,8} \ Pr^{1/3} \ (\mu/\mu_w)^{0,14}$$

Área de flujox paso = $(\pi Di^2/4)N_{TP} = (3,1416x0,87^2/4)x(166/3) = 0,2284 \text{ pie}^2$

Flujo por los tubos $G_T = 148.592/0,22848 = 650.577,93 \text{ lb/hr-pie}^2$

Reynolds $Re = G_T Di/\mu = 650.577,93x(0,87/12)/ 1,679 = 28.092,25$

Prandtl $\quad Pr = \mu C_P/k = 1,679x0,543/0,079 = 11,54$

Nusselt, $\quad Nui = h_i Di/k = 0,027x28.092,25^{0.8}x11,54^{1/3}x10,14 = 222,70$

$$h_i = Nui \ k/Di = 222,7x0,079x12/0,87 = 242,66 \text{ Btu/hr-pie}^2\text{-°F}$$

$$h_{ix} = h_i(Ai/ A_X)$$

$$(Ai/ A_X) = (3,1416x(0,87/12)x30x166)/28.585 = 0,0397$$

(Tomado del ejemplo 6.4 anterior)

$$h_{ix} = h_i(Ai/ A_X) = 259,6x0,0397 = 9,63 \text{ Btu/hr-pie}^2\text{-°F}$$

f) Coeficiente local de transferencia de calor fuera de los tubos, h_o. Ec 6.27.

$$h_o = 0,0021 \ G_S + 3,4109$$

$$G_S = m / A_P = 650.577,93 / 212,4 = 3.062,98 \text{ lb/hr-pie}^2$$

$$h_o = 0,0021x3.062,98 + 3,4109 = 9,84 \text{ Btu/hr-pie}^2\text{-°F}$$

g) Calcular U_{XC} con la Ec. 6.19 y el coeficiente U_{XD}, despejado de la Ec. 6.35.

$$U_{XC} = \frac{h_{iX}h_o}{h_{iX}+h_o} = \frac{9,63 \times 9,84}{9,63+9,84} = 4,86 \quad \text{Btu/hr-pie}^2\text{-}^\circ\text{F}$$

$$U_{XD} = \frac{Q}{A_X \Delta T_e} = U_{XD} = \frac{7.665.118,32}{28.585 \times 74,74} = 3,58 \quad \text{Btu/hr-pie}^2\text{-}^\circ\text{F}$$

h) Calcular el factor de ensuciamiento R_D con la Ec. 6.22

$$R_D = \frac{U_{XC}-U_{XD}}{U_{XC}U_{XD}}$$

$$R_D = \frac{4.86-3,58}{4,86 \times 3,58} = 0.0736 \quad \text{hr-pie}^2\text{-}^\circ\text{F/Btu}$$

i) El R_D calculado 0.0736 es mucho mayor que el de diseño (0.001) y es necesario sacar de servicio el equipo para mantenimiento.

Evaluación para incremento de carga. En muchas oportunidades se plantea la necesidad de incrementarle la carga a un intercambiador que se ncuentra operando y se debe determinar si el área instalada es capaz de manejar ese incremento y si se superan los límites en el circuito hidráulico. Si una de estas dos condiciones no se cumplen, entonces se concluye que el intercambiador no podrá manejar el incremento de carga. Un procedimiento para esta evaluación es el siguiente:

a) Localizar la hoja de datos de diseño del intercambiador. Precisar la información de los incrementos en las variables de operación: temperatura, presión y flujo de los fluidos frío y caliente.

b) Calcular la nueva carga térmica Q, con la Ec. 6.2 o Ec. 6.3.

c) Calcular la diferencia efectiva de temperatura, ΔTe con las Ec. 6.10 o Ec. 6.16, para 1 o dos pasos por los tubos. Para tres pasos o más, entonces usar la Ec. 6.10 con $F_T = 1$

d) Calcular el coeficiente de transferencia de calor dentro de los tubos, h_i con la Ec.6.23, Ec 6.24, Ec. 625 o Ec.6.26.

e) Calcular el coefiente local sobre el banco de tubos h_o con la Ec. 6.27 o Ec. 6.28.

f) Calcular U_{XC} con la Ec. 6.19. .

g) Calcular el nuevo coeficiente U_{XD} con la Ec. 6.21.

h) Calcular el área de transferencia requerida con la Ec. 6.35.

i) Si el área requerida calculada en h) es menor o igual a la instalada, A = $(\pi d o L) N_T$, Ec. 5.4, entonces térmicamente el intercambiador si podrá manejar el incremento de carga.

j) Calcular la caída de presión con la Ec. 6.40 en el fluido caliente y con la Ec. 6.44 en el aire. Si una de estas dos caídas de presión es mayor que la permitida, entonces desde el punto de vista hidráulico, el intercambiador no podrá manejar el incremento de carga.

k) Para recomendar si el intercambiador puede utilizarse, es necesario que se cumplan las dos condiciones descritas en i) y j).

Ejemplo 6.6. Evaluación de un enfriador de diésel a flujo cruzado con aire para incremento de carga. Considere que el intercambiador diseñado en el Ejemplo 6.4 se encuentra en operación normal en una refinería, y se plantea la necesidad de conocer si este intercambaidor puede soportar 3.500 BD adionales sin que pierda su eficiencia térmica e hidráulica. La información de diseño del intercambiador está en la tabla siguiente.

Solución.

a) A continuación los datos de diseño y de proceso.

Ejemplo 6.6. Datos de diseño del intercambiador			
Dimensiones del Banco de Tubos	HxW	piexpie	0,7x8,0
Número de tubos	N_T		166
Número de pasos por los Tubos	N_P		3
Número de filas	N_F		4
Número de tubos por fila	N_{TF}		42
Area exterior extendida de transferencia de calor	A_x	pie^2	28.585
Area proyetada	A_p	Pie^2	233,54
Flujo de Aire	m	lb/hr	619.989,7
Caida de presión permitida en los tubos	ΔP_T	psi	5,0
Factor de ensuciamiento	R_D	$Hr\text{-}pie^2\text{-}°F/Btu$	0.001
Diámetro de ventilador	D_v	pie	7,71
Potencia del motor	P	Hp	13
Diámetro exterior de los tubos	D_o	plg	1
Diámetro interior de los tubos	D_i	plg	0.87
BWG			14
Longitud de los tubos	L_T	pie	30
Arreglo y Pitch			Triangular-2,25 plg
Aletas por pie	n_f		10
Espesor de aletas	e_f	plg	0.0483
Alto de una aleta	h_f	plg	0.625
Tipo de aletas			Transversal 5/8x10

Ejemplo 6.6. Datos de proceso				
Variable	Nomenclatura	Unidad	Diesel	Aire
Flujo	M / m	BD/ lb/hr	16.000	
Temp entrada	T_1 / t_1	°F	250	100
Temp salida	T_2 / t_2	°F	150	
Densidad	ρ	lb/pie^3	50,81	
Cap. calorifica	Cp	Btu/lb-°F	0,543	
Viscosidad	μ	lb/pie-hr	1,679	
Conductividad Térmica	k	Btu/hr-pie-°F	0,079	

b) Carga de calor Q. Ec. 6.8.

Flujo de diesel, M en lb/hr, = (5,615 / 24)x BD x densidad = 190.198,76 lb/hr.

$$Q = M [C_{PL} (T_1 - T_2)] = 190.198,76 \times 0,543 \times 100 = 10.327.792,67 \text{ Btu/hr}$$

c) Temperatura de salida del aire, Ec. 6.9.

$$t_2 = t_1 + Q/(m \times C_{PA}) = 100 + 10.327.792,67 /(619.989,7 \times 0.241) = 169,12 \text{ °F}$$

d) Calcular diferencia efectiva de temperatura ΔTe.

Considerando que se tendrán 3 pasos por los tubos, $F_T = 1$ y ΔTe viene dada por la combinación de las ecuaciones Ec. 6.10 y la Ec. 6.11.

$$\Delta Te = F_T \text{ MLDTcc} = 64,21 \text{ °F}$$

e) Calcular el coeficiente local de transferencia de calor dentro de los tubos, h_i.

El Nusselt interior, Nui, se puede calcular con la Ec 6.24.

$$Nui = 0,027 \text{ Re}^{0,8} \text{ Pr}^{1/3} (\mu/\mu w)^{0,14}$$

Área de flujo por un paso$=(\pi Di^2/4)N_{TP}=(3,1416 \times 0,87^2/4) \times (166/3)/144= 0,2284 \text{ pie}^2$

Flujo por los tubos $G_T = 190.198,76 /0,2284 = 832.744,13 \text{ lb/hr-pie}^2$

Reynolds Re$= G_T Di/\mu = 832.744,13 \times (0,87/12)/1,679 = 35.958,27$

Prandtl Pr $= \mu C_P/k = 1,679 \times 0,543/0,079 = 11,54$

Nusselt, $Nu_i = hiDi/k = 0,027 \times 35.958,27^{0.8} \times 11,54^{1/3} \times 1^{0,14} = 269,05$

$$h_i = Nui \text{ } k/Di = 269,05 \times 0,079 \times 12/0,87 = 293,17 \text{ Btu/hr-pie2-°F}$$

$$h_{ix} = h_i(A_i/A_X)$$

$$(A_i/A_X) = (3,1416 \times (0,87/12) \times 30 \times 166)/28.585 = 0,0397$$

$$h_{ix} = h_i(A_i/A_X) = 293,17 \times 0,0397 = 11,63 \text{ Btu/hr-pie2-°F}$$

f) Coeficiente local de transferencia de calor fuera de los tubos, h_o. Ec 6.27.

$$h_o = 0,0021 \, G_S + 3,4109$$

$$G_S = m / A_P = 619.989,7 / 233,54 = 2.654,7 \text{ lb/hr-pie}^2$$

$$h_o = 0,0021 \times 2.654,7 + 3,4109 = 8,98 \text{ Btu/hr-pie}^2\text{-°F}$$

g) Calcular U_{XC} con la Ec. 6.19 y el coeficiente U_{XD}, despejado de la Ec. 6.35.

$$U_{XC} = \frac{h_{ix}h_o}{h_{ix}+h_o} = \frac{11,63 \times 8,98}{11,63+8,98} = 5,06 \text{ Btu/hr-pie}^2\text{-°F}$$

$$\frac{1}{U_{XD}} = \frac{1}{U_{XC}} + (A_X/A_i)R_D = 1/5,06 + 22,2 \times 0,001 = 0,2197$$

$$U_{XD} = 4,55 \text{ Btu/hr-pie}^2\text{-°F}$$

h) Calcular el área extendida A_X con la Ec. 6.22

$$A_X = \frac{Q}{U_{XD}\Delta T_e} = 10.327.792,67/(4,55 \times 64,21) = 35.350 \text{ pie}^2$$

i) El área requerida calculada, 35.350 pie^2 es mayor que la instalada, 28.585 pie^2 en 24%, por lo que el intercambiador no podrá manejar el incremento de carga.

j) Calcular la caída de presión en el fluido de los tubos con la Ec. 6.40.

$$\Delta P_T = \frac{fG_T^2 N_P L}{12,02 \times 10^{10} \rho D_i \phi_T}$$

$$f = \frac{0,4468}{Re^{0,263}} = \frac{0,4468}{35.958,27^{0,263}} = 0,02925$$

$$\Delta P_T = \frac{0,0292 \times (832.744,13)^2 \times 3 \times 30}{12,02 \times 10^{10} \times 50,81 \times (0,87/12) \times 1} = 3,26 \text{ psi}$$

Aunque la caída de presión no supera la permitida, el intercambiador no dispone de área de transferencia suficiente para soportar el incremento de carga propuesto.

PROBLEMAS PROPUESTOS.

1. Diseñar un intercambiador de Doble Tubo para enfriar una corriente de 10.000 lb/hr de un destilado de 35°API, enfriándolo de 380 °F hasta 280 °F, con una corriente de 20.000 lb/hr de hidrocarburo 28 °API, que entra a 250°F. La caída de presión máxima permitida en el intercambiador es de 10 psi. El factor de ensuciamiento típico para este servicio es de 0,005 hr-pie^2-°F/Btu, y la velocidad promedio recomendada en ambos fluidos es de 5 pie/seg. Con la información anterior se requiere lo siguiente: a) Arreglo D x d x L. b) Número de horquillas requeridas. c) Caída de presión. d) Tipo de intercambiador: serie o serie-paralelo.

2. Se requiere diseñar un intercambiador de calor de Tubos y Coraza para enfriar un hidrocarburo liviano de 35°API que fluirá en un paso por la coraza, con agua que fluirá por los tubos. El flujo de hidrocarburo será de 100.000 lb/hr y debe enfriarse de 160 °F hasta 110 °F. La temperatura del agua disponible es de 90 °F y no debe calentarse mas alla de 105 °F. La caida de presión permitida es de 10 psi tanto en la coraza como en los tubos y el factor de ensuciamiento (fouling factor) permitido es de 0,002 hr-pie^2-°F/Btu. Se dispone de tubos de acero con diámetro exterior de 0,75 plg, interior 0,62 plg, y longitud 12 pies y se sugiere arreglarlos en triángulo con pitch de 1 plg. Considere bafles segmentados con 25% de corte con separación de 5 plg. Prepare la hoja de datos (Data Sheet) del intercambiador.

3. Repita el probelama anterior considerando que los tubos se arreglan en cuadro con el mismo pitch. Analice, compare y comente los resultados.

4. Considere que el intercambiador del problema 1 entra en servicio y despues de cierto tiempo se observa que la temperatura del hidrocarburo saliendo es de 115 °F, a pesar de que se mantienen los flujos de agua e hidrocarburo y sus condiciones de entrada. Evalúe el intercambiador y emita sus recomendaciones.

5. Diseñar un intercambiador de calor de enfriamiento con aire a flujo cruzado para enfriar una corriente de 72.210,5 lb/hr de Dioxido de Carbono, CO_2, de 233 °F hasta 120 °F que fluirá en 3 pasos por los tubos. La caida de presión permitida es de 5 psi, el factor de ensuciamiento permitido es hasta 0,0015, y el coeficiente global para el diseño puede tomarse como 4,5 Btu/hr-pie^2-°F. Se dispone de tubos de acero BWG 16, con diámetro exterior de 1 plg, diámetro interior 0,87 plg, y 30 pie de longitud. Si los tubos se arreglan en triángulo con pitch de 2,25 plg, con aletas transversales 5/8 x 10, y el espesor es de 0,0483 plg y la temperatura del aire ambiente es de 108 °F, calcular: 1) Dimensiones del banco de tubos. 2) Area extendida de transferencia. 3) Diámetro del ventilador. 4) Potencia de los motores.

APÉNDICE A. Tablas y Figuras

Tablas.

Tabla A.1. Especificaciones para tubos de acero (IPS).

Tabla A.2. Especificaciones de tubos para intercambiadores de calor

Tabla A.3. Rangos típicos para coeficiente global U_D.

Tabla A.4. Factor de ensuciamiento típico (Fouling Factor)

Tabla A.5. Número de tubos en la coraza[4,13]

Tabla A.6. Correlaciones para estimar propiedades de transporte.

Tabla A.7. Constantes para la Ecuación de Antoine.

Tabla A.8. Datos para filas de tubo de Acero BWG 14 en arreglo triangular con aletas transversales

Tabla A.9. Valores típicos para coeficientes U_X en enfriadores con Aire[32]

Tabla A.1. Especificaciones para tubos de acero (IPS)

Diám Nominal IPS plg.	Diám exterior plg	Cat	Diám interior plg	Área de flujo plg^2	pie^2 superficie/pie lineal		Lb/pie lineal
					Externa	Internoa	
0,125	0,405	40	0,269	0,058	0,106	0,070	0,25
		80	0,215	0,036		0,056	0,32
0,25	0,540	40	0,364	0,104	0,141	0,095	0,43
		80	0,302	0,072		0,079	0,54
0,375	0,675	40	0,493	0,192	0,177	0,129	0,57
		80	0,423	0,141		0,111	0,74
0,25	0,840	40	0,622	0,304	0,220	0,163	0,85
		80	0,546	0,235		0,143	1,09
0,75	1,05	40	0,824	0,534	0,275	0,216	1,13
		80	0,742	0,432		0,194	1,48
1	1,32	40	1,049	0,864	0,344	0,274	1,68
		80	0,957	0,718		0,250	2,17
1,25	1,66	40	1,380	1,50	0,435	0,362	2,28
		80	1,278	1,28		0,335	3,00
1,5	1,90	40	1,610	2,04	0,498	0,422	2,72
		80	1,500	1,76		0,393	3,64
2	2,38	40	2,067	3,35	0,622	0,542	3,66
		80	1,939	2,95		0,508	5,03
2,5	2,88	40	2,469	4,79	0,753	0,647	5,80
		80	2,323	4,23		0,609	7,67
3	3,50	40	3,068	7,38	0,971	0,804	7,58
		80	2,900	6,61		0,760	10,3
4	4,50	40	4,026	12,7	1,178	1,055	10,8
		80	3,826	11,5		1,002	15,0
6	6,625	40	6,065	28,9	1,734	1,590	19,0
		80	5,761	26,1		1,510	28,6
8	8,625	40	7,981	50,0	2,258	2,090	28,6
		80	7,625	45,7		2,000	43,4
10	10,75	40	10,02	78,8	2,814	2,62	40,5
		60	9,75	74,6		2,55	54,8
12	12,75	30	12	115	3,338	3,17	43,8
14	14	30	13,25	138	3,665	3,47	54,6
16	16	30	15,25	183	4,189	4,00	62,6
18	18	20	17,25	234	4,712	4,52	72,7
20	20	20	19,25	291	5,236	5,05	78,6
22	22	20	21,25	355	5,747	5,56	84,0
24	24	20	23,25	425	6,283	6,09	94,7

Tabla A.2. Especificaciones de tubos para intercambiadores de calor

Diám exterior plg.	BWG	Espesor de pared plg	Diám interior plg	Área de flujo plg^2	Supeficie pie^2/'pie lineal Externa	Interna	lb peso por pie lineal
0,5	12	0,109	0,282	0,0625	0,1309	0,0748	0,493
	14	0,083	0,334	0,0876		0,0874	0,403
	16	0,065	0,370	0,1076		0,0969	0,329
	18	0,049	0,402	0,127		0,1052	0,258
	20	0,035	0,430	0,145		0,1125	0,190
0,75	10	0,134	0,482	0,182	0,1963	0,1263	0,965
	11	0,120	0,510	0,204		0,1335	0,884
	12	0,109	0,532	0,23		0,1393	0,827
	14	0,083	0,584	0,268		0,1529	0,647
	16	0,065	0,620	0,302		0,1623	0,520
	18	0,049	0,652	0,334		0,1707	0,401
1	9	0,148	0,704	0,380	0,2618	0,1843	1,47
	10	0,134	0,732	0,421		0,1916	1,36
	11	0,120	0,760	0,455		0,1990	1,23
	12	0,109	0,782	0,479		0,2048	1,14
	14	0,083	0,834	0,546		0,2183	0,890
	16	0,065	0,870	0,594		0,2277	0,710
	18	0,049	0,902	0,630		0,2361	0,545
1,25	9	0,148	0,954	0,714	0,3271	0,2498	1,91
	10	0,134	0,982	0,757		0,2572	1,75
	11	0,120	1,01	0,800		0,2644	1,58
	12	0,109	1,03	0,836		0,2701	1,45
	14	0,083	1,08	0,884		0,2839	1,13
	16	0,065	1,12	0,985		0,2932	0,900
	18	0,049	1,15	1,04		0,3015	0,688
1,5	9	0,148	1,20	1,14	0,3925	0,3152	2,34
	10	0,134	1,23	1,19		0,3225	2,14
	11	0,120	1,26	1,25		0,3299	1,98
	12	0,109	1,28	1,29		0,3356	1,77
	14	0,083	1,33	1,40		0,3492	1,37
	16	0,065	1,37	1,47		0,3587	1,09
	18	0,049	1,40	1,54		0,3670	0,831

Tabla A.3.1. Rangos típicos[4] para coeficiente global U_D			
Fluido caliente	Fluido frío	U_D Btu /hr-pie^2-°F	
		Mínimo	Máximo
Agua	Agua	250	500
Solución acuosa	Solución acuosa	250	500
Líquidos con viscosidad menor de 0,5 cP	Líquidos con viscosidad <0,5 cP.	40	75
Líquidos con viscosidad entre 0,5 y 1 cP	Líquidos con viscosidad entre 0,5 y 1 cP	20	60
Líquidos con viscosidad mayor de 1 cP	Líquidos con viscosidad mayor de 1 cP	10	40
Líquidos con viscosidad mayor de 1 cP	Líquidos con viscosidad <0,5 P	30	60
Líquidos con viscosidad < 0,5 cP.	Líquidos con viscosidad mayor de 1 cP	10	40

Tabla A.3.2. Rangos típicos de coeficiente gobal U en refinerías					
Fluido Frío	Agua	Residual	Destilados	Naftas	Petróleo
°API		17	22-40	50-75	15 a 30
Fluido Calie					
Agua	250-500	10-50	20-60	40-85	20-50
Residual	10-60		10-60	10-50	10-40
Gasoil	50-125	30-50	10-60	20-60	10-40
Diésel	50-125	30-50	20-60	40-75	10-40
Kerosén	75-150	30-60	20-75	40-75	10-5
Nafta	75-150	40-70	20-75	30-75	10-60
Gasolina	75-150	50-75	20-75	40-75	10-60
Butano	75-150		50-60	40-85	6-60
Propano	75-150		20-60	40-85	20-50
Vapor Agua	200-700	6-60	30-100	40-85	6-60

Tabla A.4.1. Factor de ensuciamiento[4] para agua R_D, Hr-pie^2-$°F$ / Btu				
Temperatura fluido caliente	Hasta 240 °F		200 – 400 °F	
Temperatura del agua	≤ 125 °F		> 125 °F	
	Velocidad del agua pie/seg		Velocidad del agua pie/seg	
	≤ 3	>3	≤ 3	>3
Agua de mar	0,0005	0,0005	0,001	0,001
Agua de enfriamiento tratada	0,001	0,001	0,002	0,002
Agua de enfriamiento no tratada	0,003	0,003	0,005	0,004
Agua de servicio público	0,001	0,001	0,002	0,002
Agua destilada	0,001	0,001	0,001	0,001
Agua para calderas	0,001	0,0005	0,001	0,001
Agua de purga de calderas	0,002	0,002	0,002	0,002

Tabla A.4.2. Factor de ensuciamiento[4] fracciones de petróleo R_D, Hr-pie^2-$°F$ / Btu (Multiplicar por 10^{-3})											
0 – 199 °F			200 – 299 °F			300 – 499 °F			> 500 °F		
Velocidad pie/seg			Velocidad pie/seg			Velocidad pie/seg			Velocidad pie/seg		
< 2	2 - 4	> 4	< 2	2 - 4	> 4	< 2	2 - 4	> 4	< 2	2 - 4	> 4
3	2	2	5	4	4	6	5	4	7	6	5
3	2	2	3	2	2	4	3	2	5	4	3

Tabla A.4.3. Factor de ensuciamiento[4] para otras sustancias. R_D, Hr-pie^2-$^\circ$F / Btu			
Sustancia	R_D	Sustancia	R_D
Aire	0,002	Soluciones de amina	0,0016
Aceite vegetal	0,003	Gasoil a craqueo ≥500 $^\circ$F	0,003
Vapores orgánicos	0,0005	Gasoil a craqueo <500°F	0,002
Fuel oil	0,005	Nafta <500°F	0,002
Gas de carbón	0,01	Nafta ≥500°F	0,004
Gas de escape de máquina diésel	0,01	Slurry FCC	0,01
Fuel oil	0,005	LGN a fraccionamiento	0,001
Gas de carbón	0,01	Tope fraccionadora LGN	0,001
Refrigerante líquido	0,001	Fondo fraccionadora LGN	0,002
Residual atmosférico < 25 $^\circ$API	0,005	Refrigerante Ind. vapor	0,002
Residual atmosférico > 25 $^\circ$API	0,002	Refrigerante Ind. líquido	0,001
Vapores de tope atmosférico	0,0013	Vapores de alcohol	0,000
Destilados atmosférico	0,003	Líquidos orgánicos	0,001
Vapor de tope torre de vacío	0,001	Aceite de transformador	0,001
Gasolina estabilizada	0,0005	Aceite para máquinas	0,001
Vapores tope absorción azufre	0,001	Aceite térmico	0,004

Tabla A.5.1. Cantidad de tubos dentro de la coraza[4,13]
Arreglo cuadrado, Diám ext de tubo ¾ plg pitch 1 plg.

Diámetro Coraza plg.	Pasos por los tubos				
	1 - P	2 - P	4 - P	6 - P	8 - P
8	32	26	20	20	
10	52	52	40	36	
12	81	76	68	68	60
13,25	97	90	82	76	70
15,25	137	124	116	108	108
17,25	177	166	158	150	142
19.25	224	220	104	192	188
21,25	277	270	146	240	234
23,25	341	324	308	302	292
25	413	394	370	356	346
27	481	460	432	420	408
29	553	526	480	468	456
31	657	640	600	580	560

Tabla A.5.2. Cantidad de tubos dentro de la coraza[4,13]**.**
Arreglo cuadrado, Diám ext de tubo 1 plg, pitch 1$^{1/4}$ **plg.**

Diámetro Coraza plg.	Pasos por los tubos				
	1 - P	2 - P	4 - P	6 - P	8 - P
8	21	16	14		
10	32	32	20	24	
12	48	45	40	38	36
13,25	61	56	52	48	44
15,25	81	76	68	68	64
17,25	112	112	96	90	82
19,25	138	132	128	122	116
21,25	177	166	158	152	148
23,25	213	208	192	184	184
25	260	252	238	226	222
27	300	288	278	268	260
29	341	326	300	294	286
31	7406	398	380	368	358

Tabla A.5.3 Cantidad de tubos dentro de la coraza [4,13] Arreglo cuadrado, Diámetro exterior de tubo $1^{1/4}$ plg pitch $1^{9/16}$ plg.					
Pasos por los tubos					
Diámetro Coraza plg.	1 - P	2 - P	4 - P	6 - P	8 - P
10	16	12	10		
12	30	24	22	16	16
13,25	32	30	30	22	22
15,25	44	40	37	35	31
17,25	56	53	51	48	44
19,25	78	73	71	64	56
21,25	96	90	86	82	78
23,25	127	112	106	102	96
25	140	135	127	123	115
27	166	160	151	146	140
29	193	188	178	174	166
31	226	220	209	202	193

Tabla A.5.4 Cantidad de tubos dentro de la coraza [4,13] Arreglo cuadrado, Diámetro exterior de tubo $1^{1/2}$ plg, pitch $1^{7/8}$ plg.					
Pasos por los tubos					
Diámetro Coraza plg.	1 - P	2 - P	4 - P	6 - P	8 - P
12	16	16	12	12	
13,25	22	22	16	16	
15,25	29	29	24	24	22
17,25	39	39	32	32	29
19.25	50	48	43	43	39
21,25	62	60	54	54	50
23,25	78	74	66	66	62
25	94	90	84	84	78
27	112	108	98	98	94
29	131	127	116	116	112
31	151	146	138	138	131

Tabla A.5.5 Cantidad de tubos dentro de la coraza [4,13]

Arreglo Triangular, Diámetro exterior de tubo 3/4 plg pitch 15/16 plg.

Diámetro Coraza plg	Pasos por los tubos				
	1 - P	2 - P	4 - P	6 - P	8 - P
8	36	32	26	24	18
10	62	56	47	42	36
12	109	98	86	82	78
13,25	127	114	96	90	86
15,25	170	160	140	136	128
17,25	239	224	194	188	178
19.25	301	282	252	244	234
21,25	361	342	314	306	290
23,25	442	420	386	378	364
25	532	506	468	446	434
27	637	602	550	536	524
29	721	692	640	620	594
31	847	822	766	722	720

Tabla A.5.6 Cantidad de tubos dentro de la coraza [4,13]

Arreglo Triangular, Diámetro exterior de tubo 3/4 plg pitch 1 plg.

Diámetro Coraza plg	Pasos por los tubos				
	1 - P	2 - P	4 - P	6 - P	8 - P
8	37	30	24	24	
10	61	52	40	36	
12	92	82	76	74	70
13,25	109	106	86	82	74
15,25	151	138	122	118	110
17,25	203	196	178	172	166
19.25	262	250	226	216	210
21,25	316	302	278	272	260
23,25	384	376	352	342	328
25	470	452	422	394	382
27	559	534	488	474	464
29	630	604	556	538	508
31	745	728	678	666	640

Tabla A.5.7 Cantidad de tubos dentro de la coraza [4,13]
Arreglo Triangular, Diám ext de tubo 1 plg pitch 1$^{1/4}$ plg.

Diámetro Coraza plg.	Pasos por los tubos				
	1 - P	2 - P	4 - P	6 - P	8 - P
8	21	16	16	14	
10	32	32	26	24	
12	55	52	48	46	44
13,25	68	66	58	54	50
15,25	91	86	80	74	72
17,25	131	118	106	104	94
19.25	163	152	140	136	128
21,25	199	188	170	164	160
23,25	241	232	212	212	202
25	294	282	256	252	242
27	349	334	302	296	286
29	397	376	338	334	316
31	472	454	430	424	400

Tabla A.5.8 Cantidad de tubos dentro de la coraza [4,13]
Arreglo Triangular, Diámetro exterior de tubo 1 $^{1/4}$ plg, pitch 1$^{9/16}$ plg.

Diámetro Coraza plg.	Pasos por los tubos				
	1 - P	2 - P	4 - P	6 - P	8 - P
10	20	18	14		
12	32	30	26	22	20
13,25	38	36	32	28	26
15,25	54	51	45	42	38
17,25	69	66	62	58	54
19.25	95	91	86	78	69
21,25	117	112	105	101	95
23,25	140	136	130	123	117
25	170	164	155	150	140
27	202	196	185	179	170
29	235	228	217	212	202
31	275	270	255	245	235

Tabla A.5.9 Cantidad de tubos dentro de la coraza [4,13] Arreglo Triangular, Diámetro exterior de tubo 1 $^{1/2}$ plg pitch 1$^{7/8}$ plg.					
	Pasos por los tubos				
Diámetro Coraza plg	1 - P	2 - P	4 - P	6 - P	8 - P
12	18	14	14	12	12
13,25	27	22	18	16	14
15,25	36	34	32	30	27
17,25	48	44	42	38	36
19.25	91	58	55	51	48
21,25	76	72	70	66	61
23,25	95	91	86	80	76
25	115	110	105	98	95
27	136	131	125	118	115
29	160	154	147	141	136
31	184	177	172	165	160

Tabla A.6. Correlaciones para propiedades de transporte

HIDROCARBUROS LÍQUIDOS.

Tabla A.6.1. Capacidad Calorífica, $C_P = A + B \times T + C\ T^2$ c_p Btu/lb-°F				
Hidrocarburo líquido	A	B	C	Rango de Temperatura °F
Etano	0,7163	8×10^{-4}	-1×10^{-6}	0 - 200
Propano	0,5606	9×10^{-4}	1×10^{-6}	0 - 200
I Butano	0,5166	8×10^{-4}	5×10^{-7}	0 - 300
N Butano	0,5042	8×10^{-4}	1×10^{-7}	0 - 300
Pentano	0,497	4×10^{-4}	2×10^{-6}	0 - 200
Hexano	0,4763	6×10^{-4}	-2×10^{-9}	0 - 300

Tabla A.6.2. Correlaciones en función de Temperatura y °API	
$C_P(T,°API) = 5,51 \times 10^{-4}\ T + 2,23 \times 10^{-3}\ (°API) + 0,3387$ Capacidad Calorífica, Btu/lb-°F	$10 \leq API \leq 70$ $0°F \leq T \leq 600°F$
$Ge\ (°API\ ;T) = 1,0603 - 0,0053(°API) - 0,00041T$ Gravedad Específica	$10 \leq °API \leq 70$ $0°F \leq T \leq 800°F$
$k\ (T,°API) = 0,0638 + 5 \times 10^{-4}\ (°API) - 2,5 \times 10^{-5}\ T$ Conductividad Térmica, Btu/hr-pie-°F	$10 \leq °API \leq 70$ $0°F \leq T \leq 600°F$
$\mu\ (T,°API) = 23,587 - 1,7637(°API) + 0,0305(°API)^2 - [11.659 - 877,19(°API) + 15,203(°API)^2] / T$	$20 \leq °AP \leq 35$ $80°F \leq T \leq 400°F$
$\mu\ (T,°API) = 984.283 / (°API)^{3,2459} + (253.122\ (°API)^{3,3662}) \times Ln(1 / T)$ Viscosidad, en cP. Multiplicar por 2,42 para convertir a lbf/hr-pie	$42 \leq °API \leq 76$ $80°F \leq T \leq 300°F$

HIDROCARBUROS GASEOSOS

Tabla A.6.3. Capacidad Calorífica $C_P = A + B \times T + C \times T^2$ c_p Btu/lb-°F				
Hidrocarburo Gaseoso	A	B	C	Rango de Temperatura °F
Metano	0,5073	0,0003	3E-07	100 - 400
Etano	0,3923	0,0004	3E-07	100 - 400
Propano	0,3755	0,0004	1E-07	100 - 400
Butano	0,3592	0,0004	2E-07	100 - 400
Pentano	0,3406	0,0005	1E-07	100 - 400

Tabla A.6.4. Conductividad Térmica, $k = A \times T^B$ K en , Btu/hr-pie-°F			
Hidrocarburo Gaseoso	A	B	Rango de Temperatura °F
Metano	0,012	0,01089	32 – 212
Etano	0,0042	0,2651	32 - 212
Propano	0,0032	0,2916	32 - 212
I Butano	0,0029	0,2922	32 - 212
N Butano	0,0029	0,2901	32 - 212
Pentano	0,0025	0,3001	32 - 212
Hexano	0,0044	0,1398	32 - 212
Benceno	0,0015	0,3467	32 - 212

Tabla A.6.5. Viscosidad, $\mu = A + B \times T$ μ en cP. Multiplicar por 2,42 para convertir a lbf/hr-pie			
Hidrocarburo Gaseoso	A	B	Rango de Temperatura °F
Metano	0,0095	2×10^{-5}	100 - 700
Etano	0,008	2×10^{-5}	100 - 700
Propano	0,007	1×10^{-5}	100 - 700
Butano	0,007	1×10^{-5}	100 - 700
Pentano	0,0047	2×10^{-5}	100 - 700
Hexeno	0,005	1×10^{-5}	100 - 700
Etileno	0,0095	2×10^{-5}	100 - 700
Propileno	0,008	2×10^{-5}	100 - 700
Butileno	0,007	1×10^{-5}	100 - 700

Tabla A.6.6. Viscosidad, $\mu = A + B \times T$			
μ en cP. Multiplicar por 2,42 para convertir a lbf/hr-pie			
Gas	A	B	Rango de Temperatura °F
CO_2	0,013	2×10^{-5}	100 - 700
SO_2	0,0113	2×10^{-5}	100 - 700
H_2S	0,0106	2×10^{-5}	100 - 700
Amoníaco	0,0084	2×10^{-5}	100 - 700
Nitrógeno	0,0165	2×10^{-5}	100 - 700
Oxígeno	0,0192	2×10^{-5}	100 - 700
Agua	0,0076	2×10^{-5}	100 - 700

Tabla A.6.7. Otras Correlaciones.	
C_P Btu/lb-°F; ρ lb/pie^3; k Btu/hr-pie-°F ; μ cPx2,4 lb/hr-pie	
AGUA LÍQUIDA $C_P \approx 1$	60°F≤T≤320°F
$\rho = 62,382 + 3,7 \times 10^{-3} T - 8 \times 10^{-5} T^2$	20°F≤T≤ 80°F
$k = 0,3047 + 8 \times 10^{-4} T - 2,0 \times 10^{-6} T^2$	20°F≤ T ≤ 180 °F
$\mu = 58,375 / T^{0,9753}$	°F≤T≤180°F
VAPOR DE AGUA $Cp = 0,4392 + 5 \times 10^{-5} T - 2 \times 10^{-8} T^2$	212°F≤T≤200°F
$\rho = 0,1071 - 0,0131 \, Ln \, (T)$	212°F≤T≤1200°F
$k = 0,009 + 3 \times 10^{-5} T + 4 \times 10^{-9} T^2$	212°F≤T≤1200°F
$\mu = 0,0007 \, T^{0,5316}$	212°F≤T≤1200°F
AIRE $C_P = 0,2392 + 7 \times 10^{-6} T + 2,0 \times 10^{-8} T^2$	0°F≤T≤800°F
$\rho = 0,0845 - 1,0 \times 10^{-4} T + 8 \times 10^{-8} T^2$	0°F≤T≤800°F
$k = 0,0135 + 2 \times 10^{-5} T$	0°F≤T≤800°F
$\mu = 0,3997 + 0,0006 T - 2 \times 10^{-7} T^2$	0°F≤T 800°F

Tabla A.7. Constantes para la Ecuación de Antoine[3,33] $Log(P) = A - \dfrac{B}{T+C}$ P en mmHg y T en °C			
Sustancia	**Constantes**		
	A	B	C
Metano	6,855	440,762	269,666
Etano	6,973	693,198	255,834
Propano	7,161	901,610	247,018
I-Butano	6,982	948,692	240,900
N-Butano	6,989	985,881	239,114
I-Pentano	6,837	1037,317	233,690
N-Pentano	6,764	1047,024	232,103
Hexano	6,935	1197,577	225,890
Heptano	6,816	1275,293	221,900
N-Octano	6,857	1372,436	215,117
Metanol	7,840	1449,408	226,707
Etanol	8,045	1554,300	222,650
I-Propanol	8,282	1647,548	223,325
Butil Alchol	8,151	1753,404	216,770
2 Etil Butanol	8,498	2065,850	223,249
N-Hexanol	8,212	1941,962	209,132
Acetona	6,974	1209,600	216,000

Tabla A.8. Datos para filas de tubo de Acero BWG 14 en arreglo triangular con aletas transversales							
D_o plg	3/4				1		
A_L^* pie^2 / pie	0,196				0,262		
Aleta h_f x n_f	½ x 9		5/8 x 10		½ x 9		5/8 x 10	
h_f plg	1/2		5/8		1/2		5/8	
n_f Aletas/plg	9		10		9		10	
e_f plg	0,0556		0,0483		0,0556		0,0483	
c_f plg	1/16		1/16		1/16		1/16	
A_F^* pie^2 / pie	3,17		4,75		3,8		5,6	
A_F^* /A_L^* pie2 / pie^2	16,17		24,20		14,5		21,40	
A_B^* pie^2 / pie	0,098		0,102		0,13		0,14	
$(A_F^* + A_B^*)$ pie^2 / pie	3,27		4,85		3,93		5,74	
P^* pie / pie	20,00		27,00		20,00		27,00	
P_T plg	2	2 ¼	2 ½	2 ½	2	2 ½	2 ¼	2 ½
A_P^* pie^2 / pie	0,313	0,333	0,354	0,375	0,333	0,375	0,375	0,396
$(A_F^* + A_B^*)/A_P^*$ pie^2/pie^2								
Fila 1	20,9	19,6	27,4	25,9	23,6	20,9	30,6	29
2	41,9	39,3	54,8	51,8	47,1	41,9	61,2	58
3	62,8	58,9	82,2	77,7	70,7	62,8	91,8	87
4	83,8	78,5	109,6	103,6	94,3	83,8	122,4	116
5	104,7	98,2	137,1	129,4	117,8	104,7	153	145
6	125,7	117,8	164,5	155,3	141,4	125,7	183,6	173,9

A_L^* área de tubo liso por pie. A_F^* área de aletas por pie. A_B^* área de tubo no cubierto por aletas por pie. A_P^* área proyectada de tubo más aletas por pie.

Tabla A.8. (Cont.) Datos para filas de tubo de Acero BWG 14 en arreglo triangular con aletas transversales								
D_o	plg	1 ¼				1 ½			
A_L^*	pie^2 / pie	0,327				0,393			
Aleta	h_f x n_f	½ x 9		5/8 x 10		½ x 9		5/8 x 10	
h_f	plg	1/2		5/8		1/2		5/8	
n_f	Aletas/plg	9		10		9		10	
e_f	plg	0,0556		0,0483		0,0556		0,0483	
c_f	plg	0,0625		0,0625		0,0625		0,0625	
A_F^*	pie^2 / pie	4,42		6,45		5,04		7,30	
A_F^* /A_L^*	pie2 / pie^2	13,50		19,72		12,83		18,59	
A_B^*	pie^2 / pie	0,16		0,17		0,20		0,20	
$(A_F^* + A_B^*)$	pie^2 / pie	4,58		6,62		5,24		7,50	
P^*	pie / pie	20,00		27,00		20,00		27,00	
P_T	plg	2	2 ¼	2 ½	2 ½	2	2 ¼	2 ¼	2 ½
A_P^*	pie^2 / pie	0,354	0,375	0,396	0,417	0,375	0,396	0,417	0,438
$(A_F^* + A_B^*)$/A_P^* pie^2/pie^2									
Fila 1		25,9	24,4	33,5	31,8	27,9	26,5	36,0	34,3
2		51,7	48,9	66,9	63,6	55,9	52,9	72,0	68,6
3		77,6	73,3	100,4	95,3	83,8	79,4	108,1	102,9
4		103,5	97,7	133,8	127,1	111,7	105,8	144,1	137,2
5		129,4	122,2	167,3	158,9	139,6	132,3	180,1	171,5
6		155,2	146,6	200,7	190,7	167,6	158,7	216,1	205,8

A_L^* Área de tubo liso por pie. A_F^* área de aletas por pie. A_B^* área de tubo no cubierto por aletas por pie. A_P^* área proyectada de tubo más aletas por pie.

Tabla A.9. Valores típicos par Ux Btu / hr-pie^2-^{o}F		
Servicio	Tubo con aletas	
	1/2 x 9	5/8 x 10
Enfriador de hidrocarburos líquidos	U$_X$	U$_X$
Viscosidad en Cp		
0,2	5,9	4,7
0,5	5,2	4,2
1,0	4,5	3,5
2,5	3,1	2,6
4,0	2,1	1,6
6,0	1,4	1,2
10,0	0,7	0,6
Enfriador de gases de hidrocarburos		
Presión psig		
50,0	2,1	1,6
100,0	2,4	1,9
300,0	3,1	2,6
500,0	3,8	3
750,0	4,5	3,5
1000,0	5,2	4,2
Para enfriar gases de combustión usar la mitad de los valores usados para hidrocarburos gaseosos.		

FIGURAS.

Fig. A.1 Coeficientes de transferencia de calor en tuberías.

Fig. A.2 Coeficientes de transferencia de calor para agua en tuberías.

Fig. A.3 Factor de fricción dentro de tuberías.

Fig. A.4 Coeficiente de transferencia de calor en la coraza.

Fig. A.5 Factor de fricción lado coraza.

Fig. A.6. Coeficiente de transferencia de calor para fluidos sobre tubos con aletas transversales.

Fig. A.7. Coeficiente de transferencia de calor para aire sobre tubos con aletas transversales.

Fig. A.8. Factor de fricción sobre tubos con aletas.

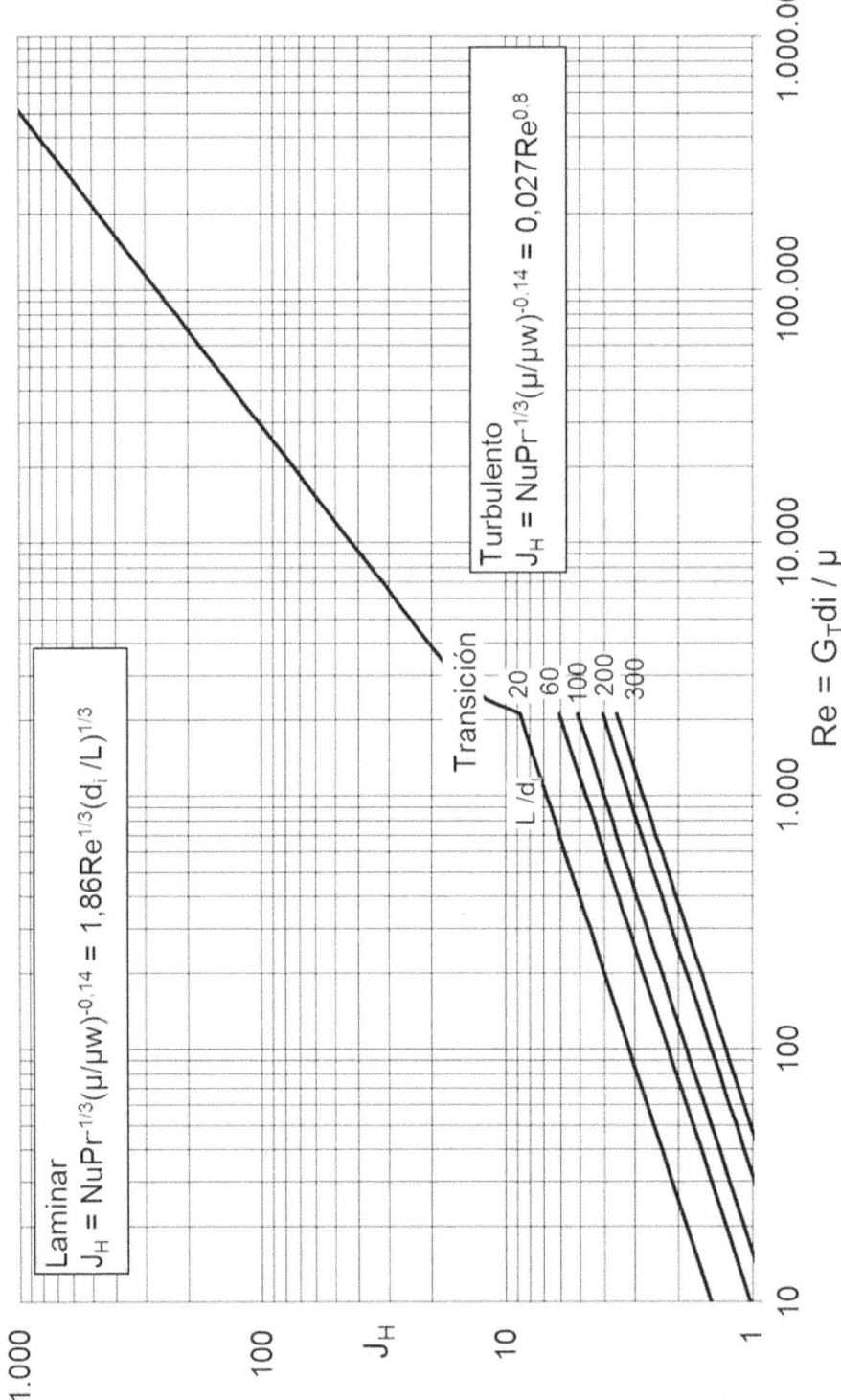

Fig. A.1. Coeficiente transferencia de calor en tuberías (Adaptado de D. Kern, Process Heat Transfer)

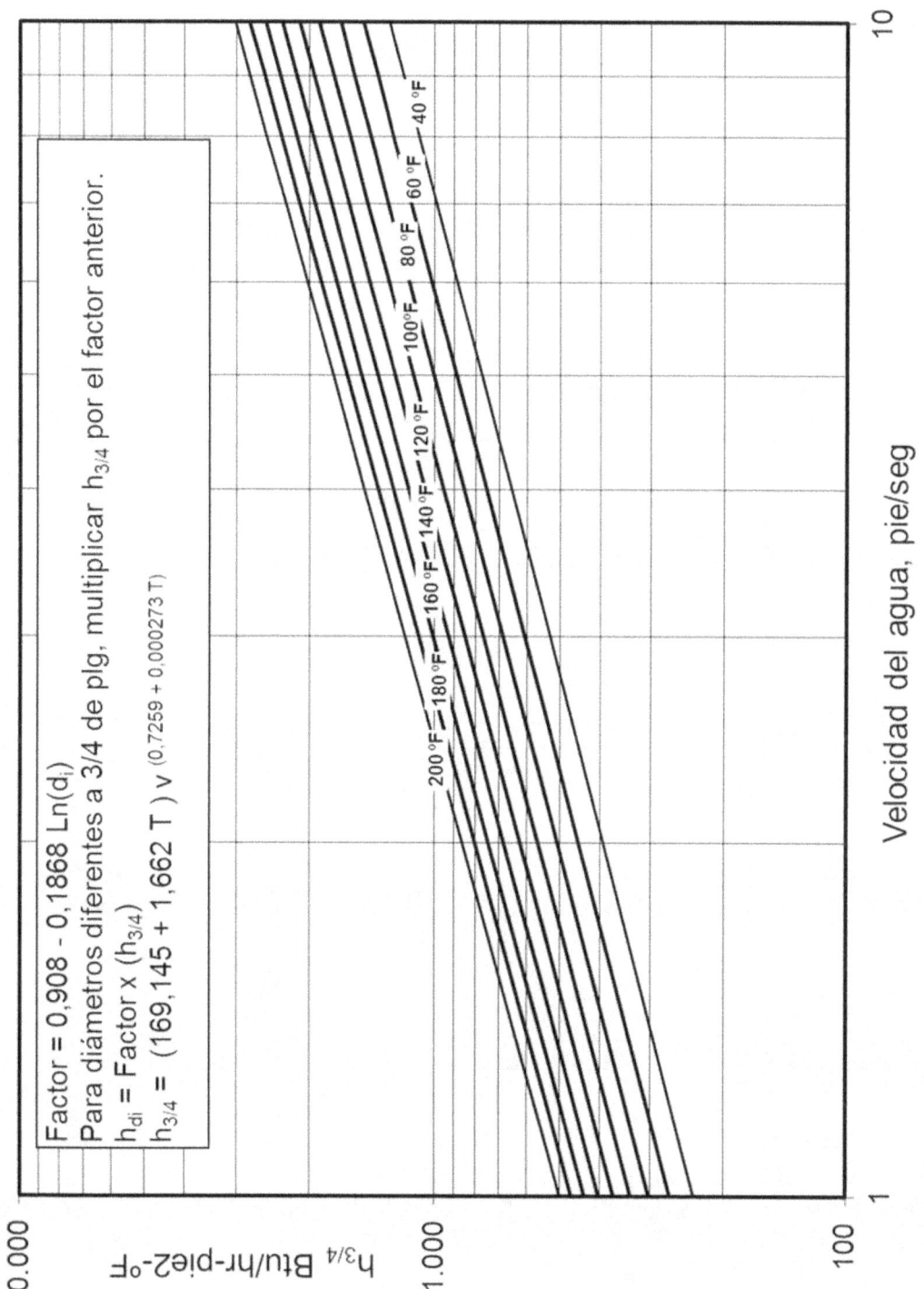

Fig. A.2. Coeficiente de transferencia de calor para agua en tubo de ¾ plg

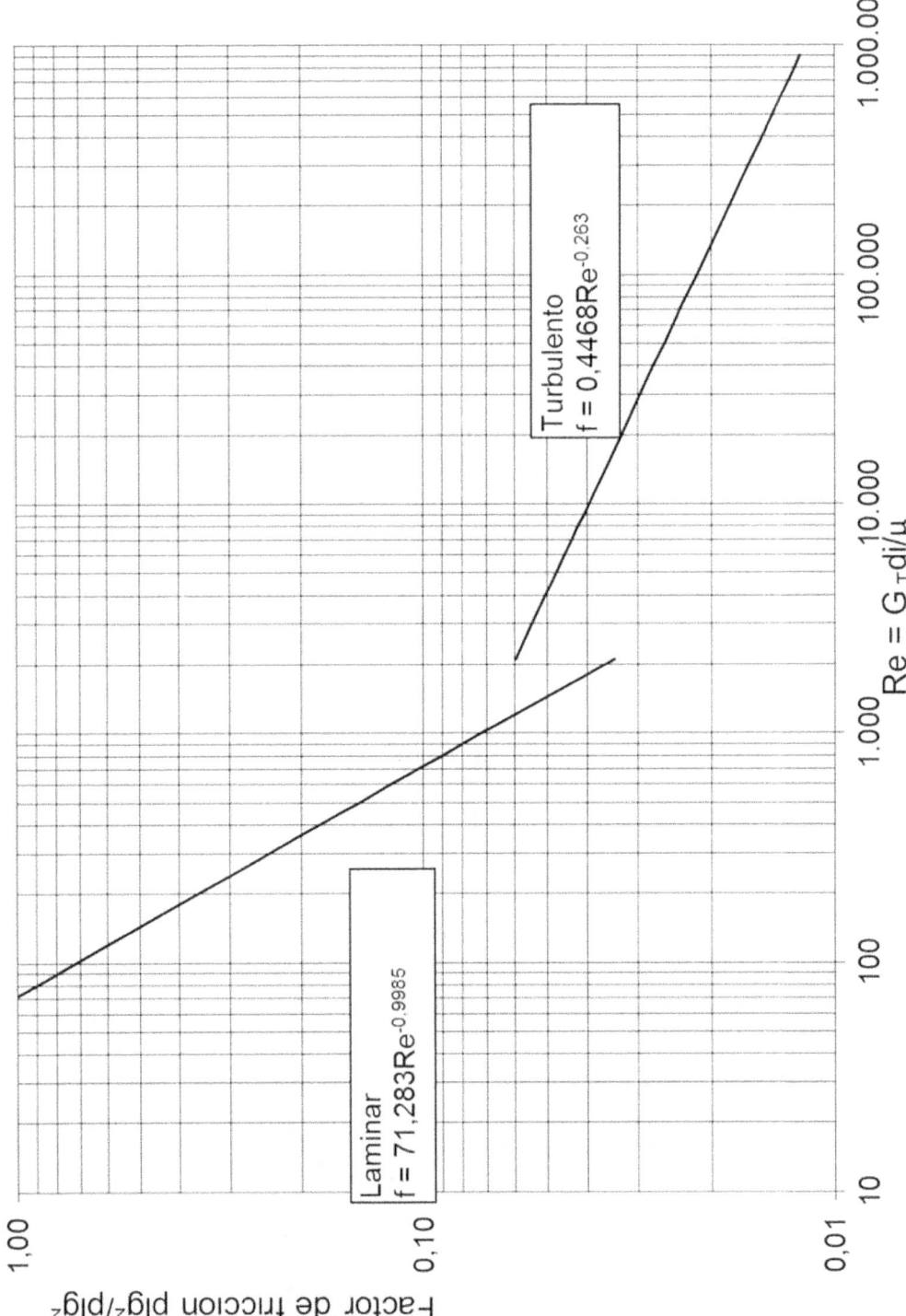

Fig. A.3. Factor de fricción en los tubos (Adaptado de D. Kern, Process Heat Transfer)

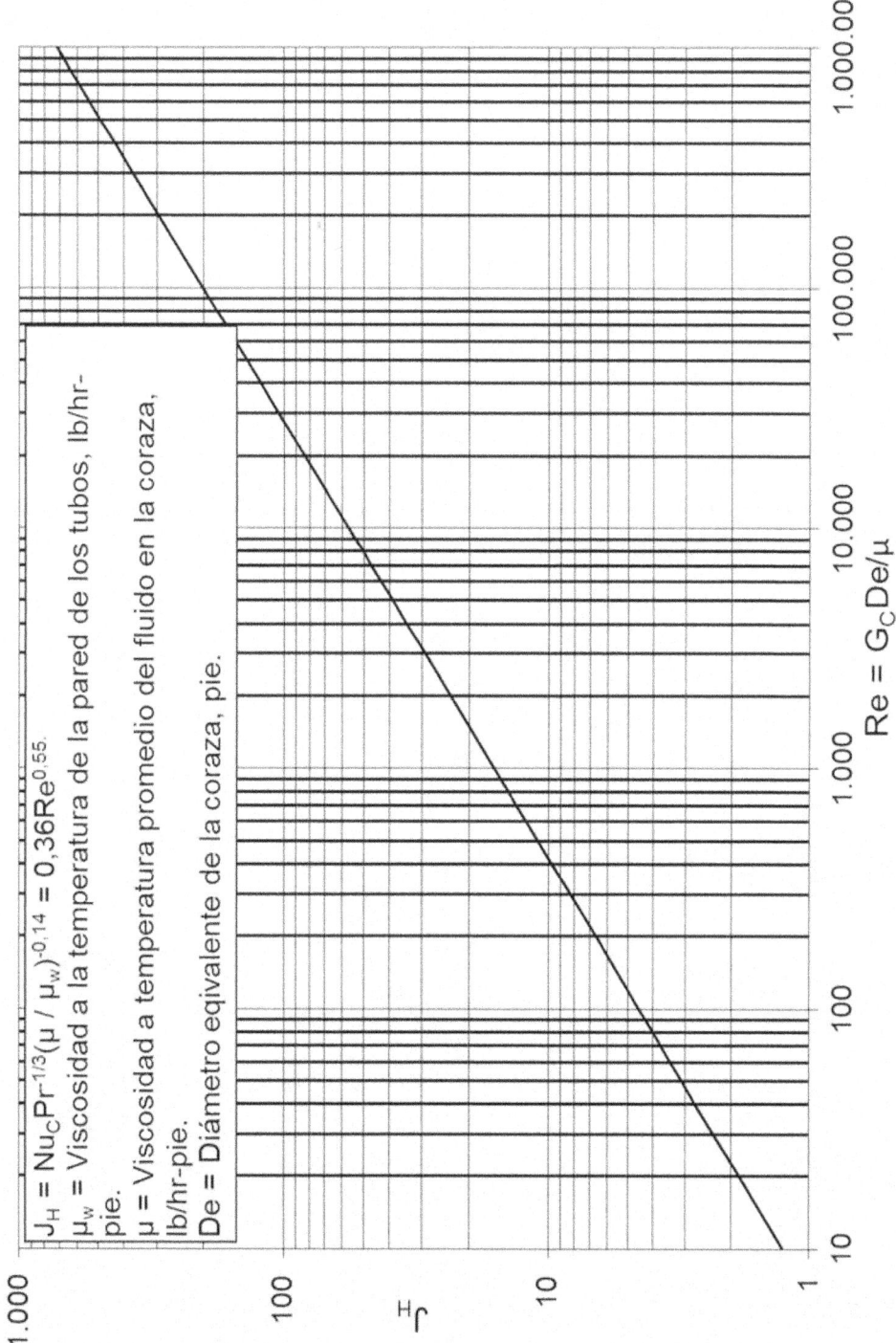

Fig. A.4. Coeficiente local en la coraza, deflectores 25%corte (Adaptado de D. Kern, Process Heat Transfer)

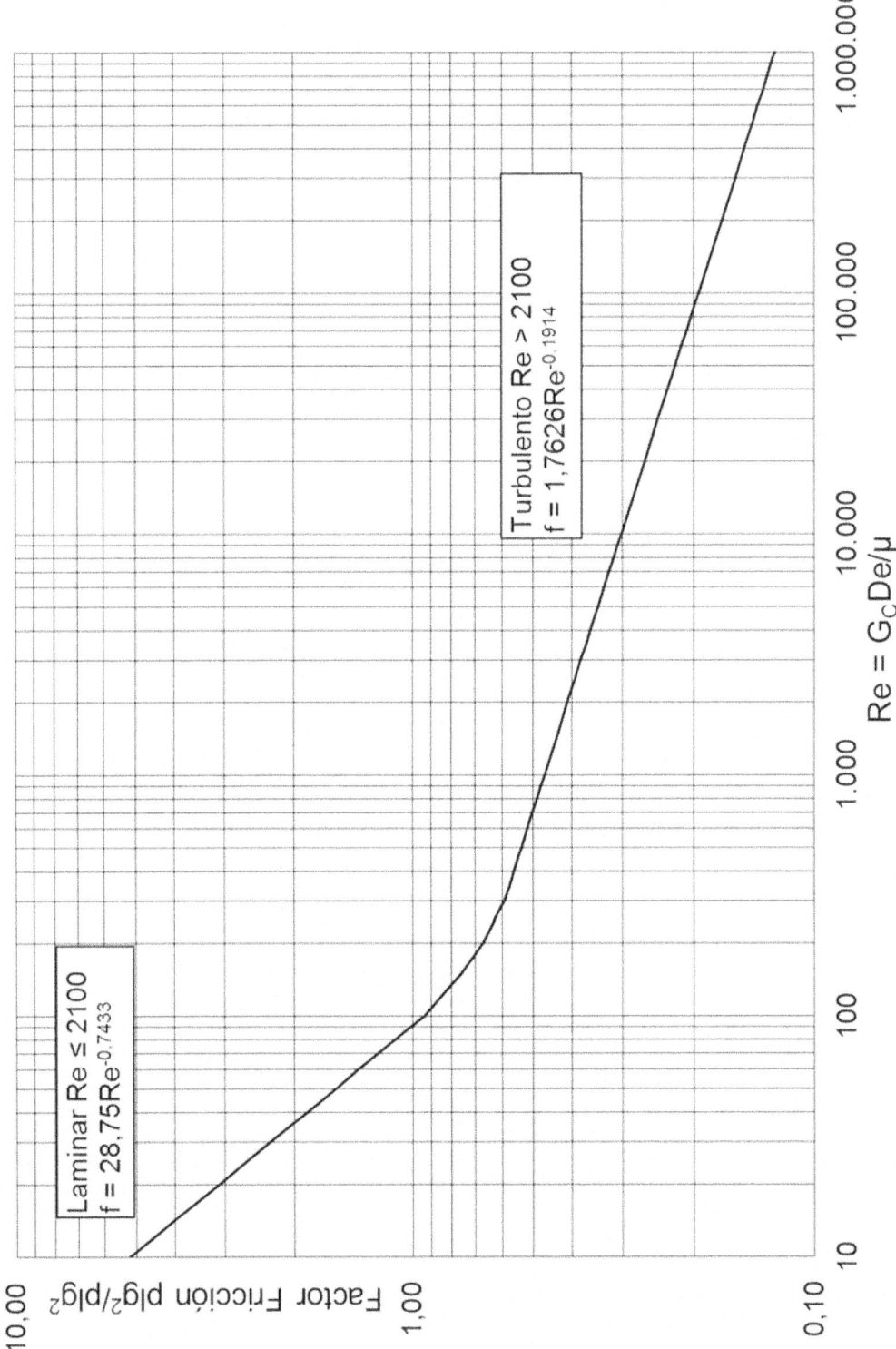

Fig. A.5. Factor de fricción lado coraza (Adaptado de D. Kern, Process Heat Transfer)

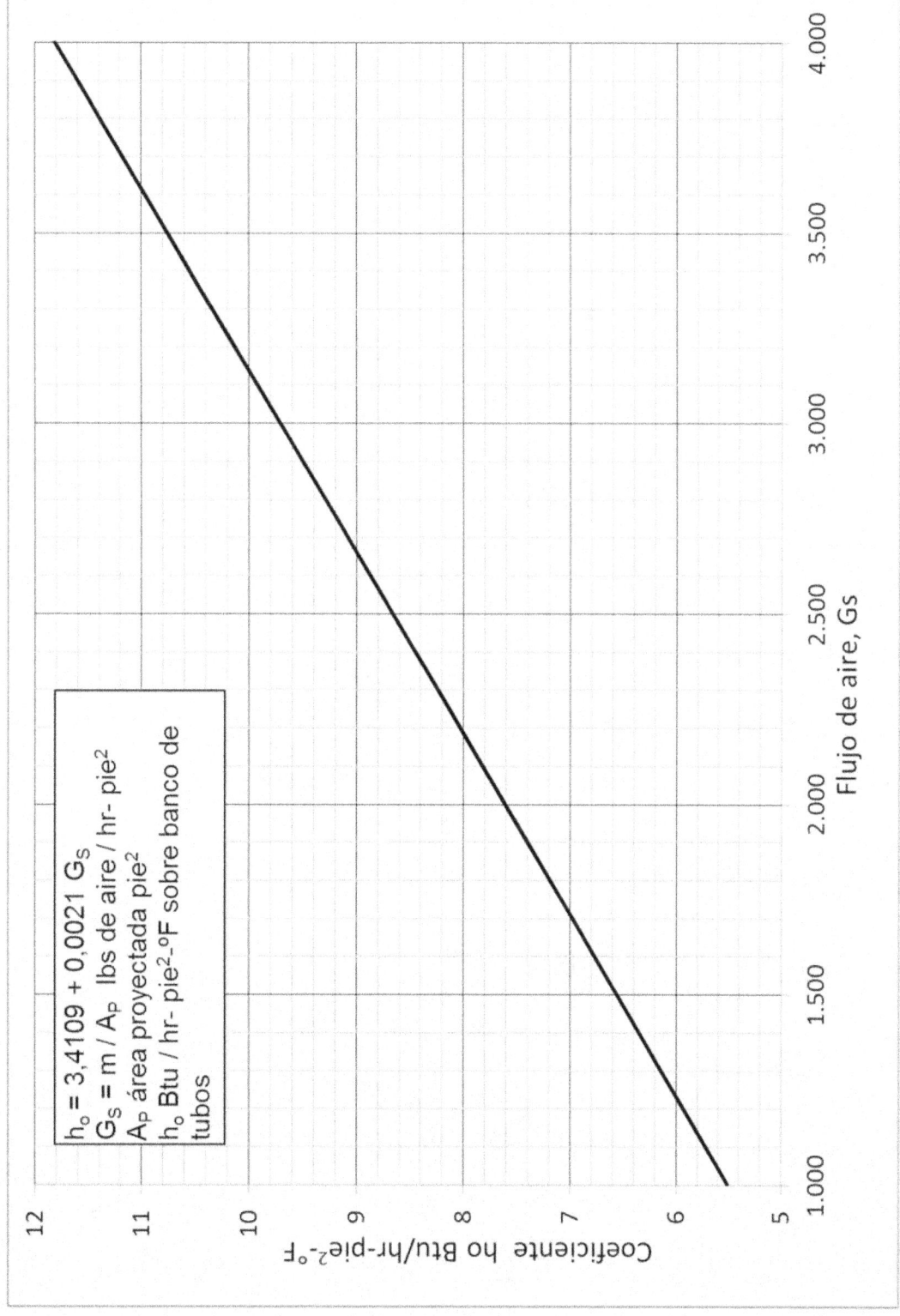

Fig. A.6. Coeficiente de transferencia de calor para aire sobre tubos con aletas

160

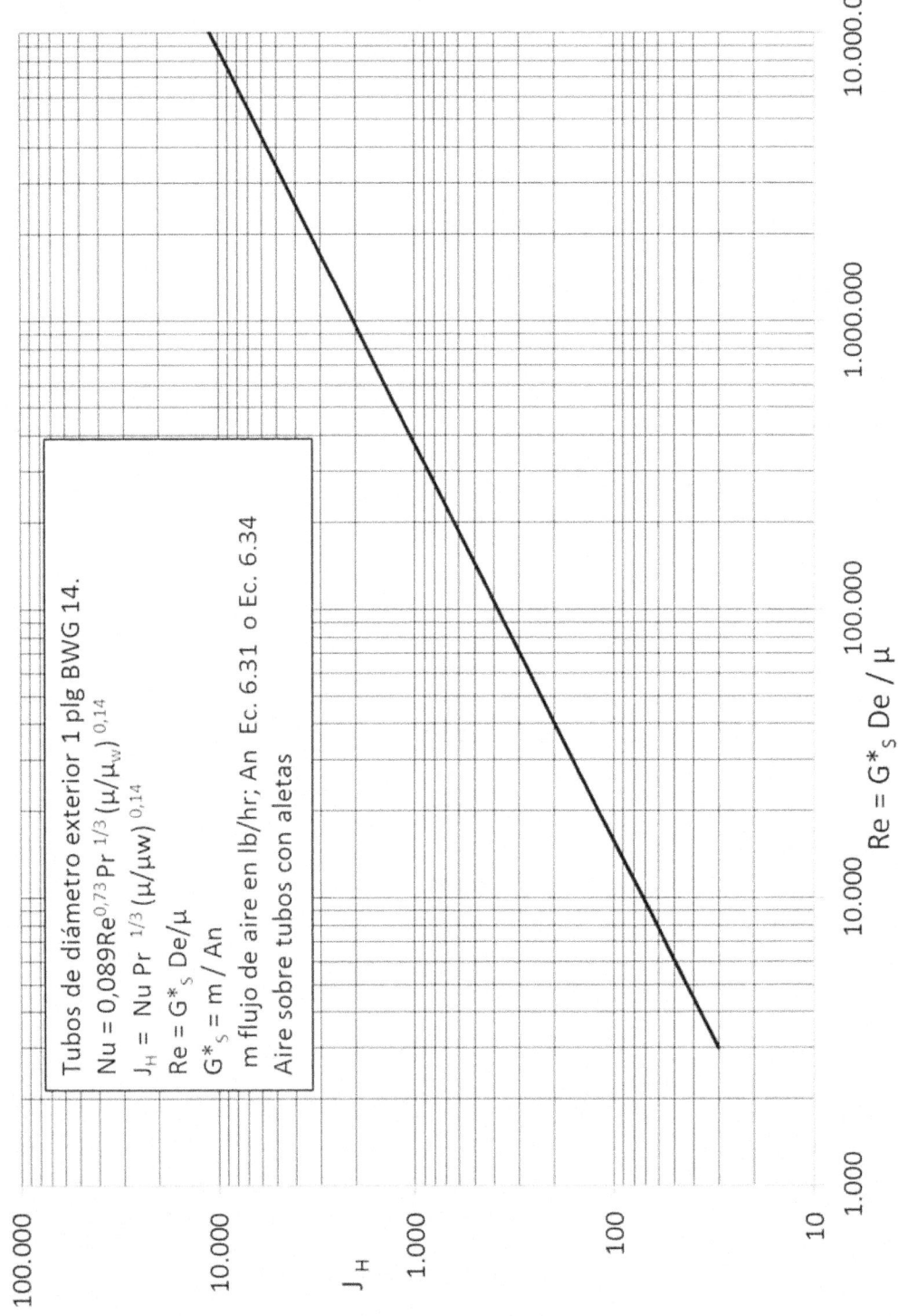

Fig. A.7. Coeficiente de transferencia de calor para aire sobre tubos con aletas transversales

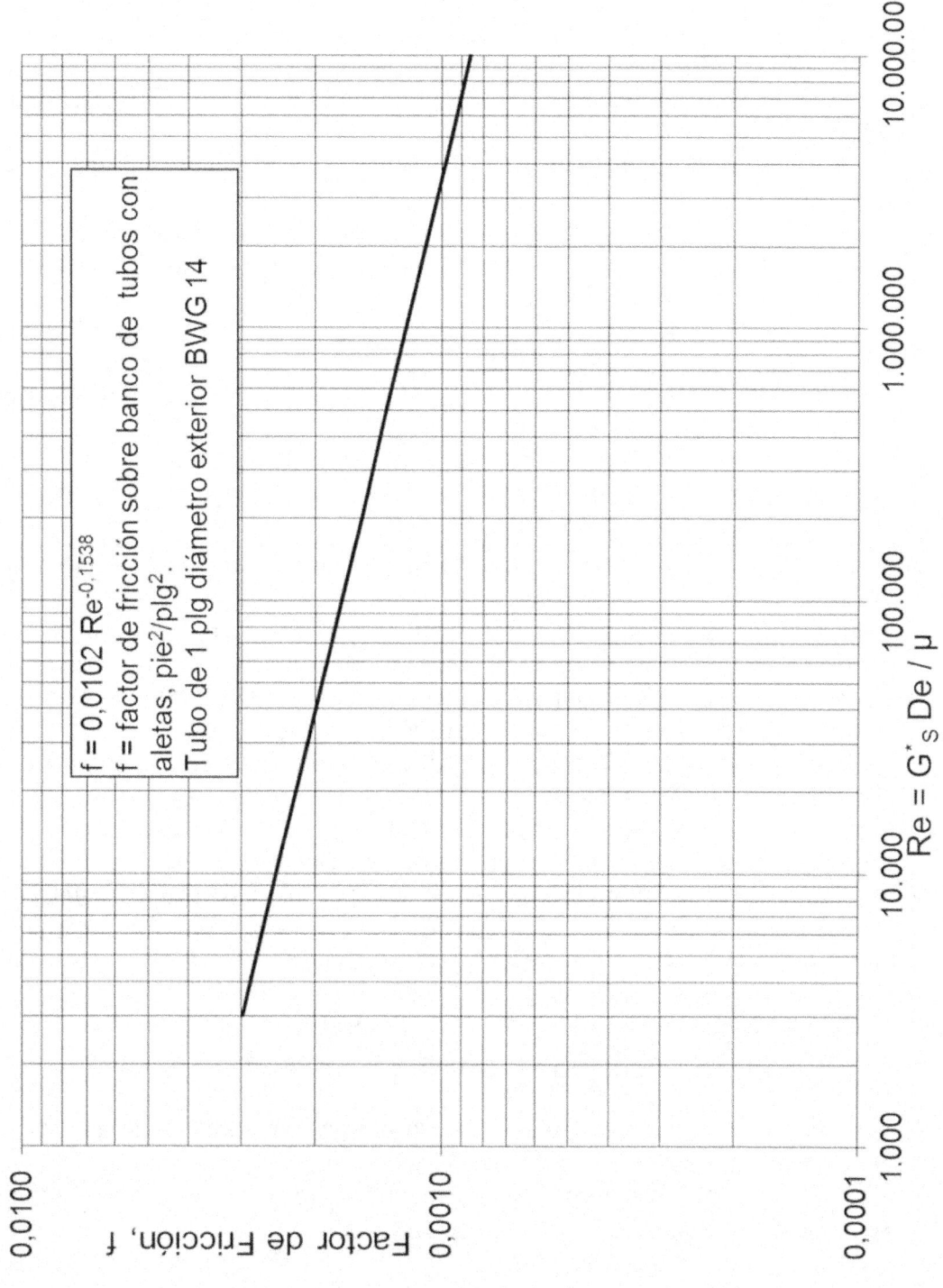

Fig. A.8. Factor de fricción sobre tubos con aletas

REFERENCIAS.

1. McCabe, W. L., J. C. Smith and P. Harriott, "Unit Operations of Chemical Engineering", Seventh Edition, McGraw Hill. 2000.
2. Treybal, R. E., Operaciones con Transferencia de Masa", Segunda Edición, 1990.
3. Perry R.H. and C. H. Chilton, Biblioteca del Ingeniero Químico, Sexta edición, McGraw Hill.
4. Kern, D. Q. Process Heat Transfer, Mc Graw Hill, New York, 1965.
5. Correlations for Convective Heat Transfer. Online Chemical Engineering Information. Cheresources.com. 2005.
6. Mukherjee, R., Practical Thermal Design of Shell and Tube Heat Exchanger, Begell House Inc., London. 2004.
7. Hewitt, G.F., "Heat Exchanger Design Handbook", Imperial College of Science, London. 2002.
8. Kuppan, T. "Heat Exchanger Design Hadbook", Maral Dekker, 2000.
9. Evans, F. L., "Equipment Design Handbook", Vol 2, Gul Publishing Company, Houston, 1979.
10. Walas, S. M., "Chemical Process Equipment", Butterworth – Heinemann, Boston, 1990.
11. Polley, G.T., D.I. Wilson, E. Petitjean and C. Derouin, The fouling limit in crude oil preheat train retrofits, Hydrocarbon Processing, July 2005.
12. Klaren, D. G., E.F. De Boer and D. W. Sullivan, Cost Savings of zero fouling crude oil pre heaters, Hydrocarbon processing, July 2001.
13. TEMA, Standards of Tubular Exchanger Manufacturers Association, Inc., 8th Edition. New York. 1998.
14. Nagle, W. M., Ind. Eng. Chem., 25, 1933.
15. Underwood, A.J., Journal Petroleum Technology, 20, 1934.
16. Bowman, R.A., A. C. Muller and W. M. Nagle, Trans ASME, 62,1940.
17. Gulyani, B.B. and A. Jain. Temperature cross-based criterion for multi-pass heat exchanger design, Hydrocarbon Processing, July 2001.
18. The Exchanger, HTRI, Noviembre 2005.
19. www.Wikipwdia.org/wiki/heat_Exchanger, on line
20. Software for Educational Applications K.C Leong Kc Toh, Int. J. Engir Ed., vol. 14 No. 3, p. 217-224. 1998.
21. Ganapathy, V., Superheaters Design and Performance, Hydrocarbon Processing, July 2001.
22. Haslego, compact condensing, new technology improves on traditional approach, Hydrocarbon Processing, July 2001.
23. Chen, E., Optimization reboiler design. Hydrocarbon processing, July 2001.
24. Klaren D. G., Self cleaning heat transfer, Hydrocarbon Engineering, March 2001.
25. Patel, S., Simplify your thermal efficiency calculations, Hydrocarbon processing, July 2005.

REFERENCIAS (CONT.)

26. Yahyaabadi, R., Solving hydraulic problems in crude preheat train networks, Hydrocarbon Processing, November 2005.
27. Leong, K., K. Tulka, Y. Leong, Shell and Tube Heat Exchanger Design Software for Educational Applications. International Journal Engineering Education, Vol. 14, N0. 2, p. 217-224. 1998.
28. Sadik, Kakac, Hongten, Lui, Heat Exchangers Selection, Rating and Thermal Design. Sec. Edit. CCR Press. Mayo 2002.
29. Warren M. Rohsenow, James P. Hartnett, Youn I. Cho. . Hand Book of Heat Transfer Mayo 1998.
30. Narváez, E., Laboratorio de Operaciones Unitarias. Parte I. Transferencia de Calor. Noviembre de 1985.
31. Narváez, E., Taller Básico de Intercambiadores de Calor, Marzo 2009.
32. GPSA, Gas Processors Suppliers Association, Engineering Data Books, Sec. 9. 11 Edition.
33. Matthew Van Winkle, Distillation, McGraw-Hill, Inc. 1967.
34. Cook, E.M., Air Cooled Heat Exchangers, Chemical Engineering, Mayo, Julio y Agosto 1964.
35. A.P.I. Standard 661, Air Cooled Heat Exchangers for general Refinery Services.
36. Meyers, R. A., Handbook of Petroleum Refining Process. 3th edition, MacGraw Hill. 2004.
37. Chpey, N.P., Handbook of Chemical Engineering Calculations. 2th edition, McGraw-Hill, 2004.
38. Gulf, Science and Technology Company. Heat Exchangers.
39. Holman, J.P., Transferencia de Calor, 2da. Ed.,McGraw-Hill Book Company. 1978.
40. Kreith, F., Principles of Heat Transfer, 2da. Ed. International Textbook Company, 1.965.
41. Blackadder,D.A., R.M. Nedderman, A Handbook of Unit Operations. Academic Press INC, London LTD. 1971.
42. Backhurst, J.R., J.H. Harker and J. E. Porter. Problems in Heat and Mass Transfer. Edward Arnold Ltd. 1974.
43. Jakob, M, and G. Hawkins, Elements of HeatTtransfer. Third Ed. 1975. Wiley International Editions.